植物邏輯
Plant Logic

| 耶魯大學商學院不教的53條企業成長法則 |

原書名:像植物一樣活過來—植物中的魔鬼經濟學

王汝中◎著

編輯序

向植物學習過冬：經濟「白堊紀」的野蠻生長

隨著二〇〇八年的遠去，被打上「二〇〇八」烙印的經濟危機，似乎從人們的日常話題中逐漸退場。不過，經濟危機真的已經過去，企業的春天已經來臨了嗎？

二〇〇八年諾貝爾經濟學獎得主保羅．克魯格曼在二〇一二年出版的《蕭條經濟學的回歸》裡寫道：「二十一世紀嚴重經濟衰退無法避免，世界或將遭遇『失去的十年』。經濟蕭條從未遠離我們。」

二〇一二年入圍諾貝爾經濟學獎的羅伯特．希勒在二〇一三年出版的《動物精神》中更進一步指出了人在經濟活動中的非理性「動物精神」使未來難以預測，即是經濟危機過去，非理性也會讓大蕭條重演。而解決之道只能靠政府干預，個人無能為力。

二〇一三年三月，英國央行行長金恩說：「自二〇〇八年開始的全球性經濟危機目前還遠未到結束的時候，全球經濟在未來相當長一段時間內仍將要面臨諸多的曲折與坎坷，而大家也或許要再過上很久，才能信誓旦旦地宣佈全球經濟危機已經結束。」

沒錯，對於企業來說，這不是個好消息：也許，「冬天」將持續很久，甚至變成漫長的「白堊紀」，讓許多找不到出路的企業死在發展的道路上。

他山之石，可以攻玉，傳統西方經濟學解決不了的問題，仿生經濟學卻有答案。經濟危機在宏觀來看是災難，在微觀來看，卻也暗藏發展的機遇，如何在經濟復甦的春天裡搶佔一席之地，從而引來新的發展高潮，將是每個企業的願景和目標。心動不如行動。在新的機遇面前，那些經歷了嚴冬考驗，堅強生存下來的企業，做好出擊的準備了嗎？如果需要參考和借鑒，不妨翻開本書，將會得到很好的啟示，為你的經營和管理提供一些有益的幫助。

許多植物看似柔弱被動，卻有著比動物更加強韌的生命力，即使在寒冷的冬天，也能用最適合自己的策略和方法，生機勃勃地「野蠻」生長。本書介紹了大量的植物生存法則，並以此對企業的經營之道和生存之道進行啟迪。

本書借鑒植物的生存特點，從九大方面總結出企業在市場、產品、顧客、人才、制度、管理、創新、規模、品牌和企業文化上應該遵循的法則和掌握這些法則的訣竅。通讀本書，會給你提供企業經營和企業管理的獨門絕技，讓你在經濟復甦的浪潮中，領先一步，占盡先機，贏得主動。可以說，本書是你經營企業、創業立業的可靠軍師、智慧參謀、點子倉庫。

翻開本書，你會明白：為什麼向陽花早逢春？竹筍為什麼未出土時先有節？梅花為什麼在冬天怒放？桃李無言為什麼下自成蹊？不僅如此，你還可以從迎春花、冬小麥、水葫蘆、蒲公英等植物身上領會如何開拓市場、佔領市場、鞏固市場；從蘋果、地瓜、桑葚、紅柳身上學會如何打造自己產品的競爭力；從洋槐、梧桐、含羞草、榴槤、板藍根等植物身上悟出如何吸引顧客，贏得顧客喜愛和信任，並牢牢抓住顧客的心；從藤蘿、向日葵、芸豆等植物身上參透制度的重要和管理的奧妙等等。還有很多植物在人才使用、產品創新、規模效應、品牌管理、企業文化建設上，也能夠給予你足夠的借鑒和引導，幫助企業走向成功。

同時，本書還列舉了許多的企業經營案例，並給予了詳細的理論分析和闡述，生動有趣，鞭辟入裡。透過活生生的事例和深入淺出的道理，為企業的經營者提供全面的參考和建議，並提出了切實可行的策略和方法。

本書既新穎有趣，引人入勝，又詳細實用，是創業生財、企業經營管理的參考書。當然，經濟「嚴冬」中的發展非一招一式所能奏效，但能給讀者哪怕一點一滴的啟迪，也是本書完成的一大善舉。

前言

以植物生長之「智」破動物經濟之「局」

美國作為本輪全球金融危機的始發地，在經歷過去五年的去槓桿化、政策刺激以及自身經濟結構調整之後，經濟開始出現了明顯的復甦態勢。

隨著世界從極冷回暖，由悲觀而逐漸走向樂觀。

難道世界經濟狀況真的一夜間好起來了？

這是個難以捉摸的命題，也是一道冰冷至極的逼問。在經濟蕭條的時候，整個世界大約投放了25%的GDP資源進行經濟拯救，雖然目前市場依舊蕭條，購買力還很疲軟，但隨著各國政府拉動經濟的各項政策逐漸落實到位，金融行業進一步擺脫困境，逐漸穩定；能源和日用生活品行業率先復甦，整個世界經濟正在觸底反彈。那些熬過了嚴冬，嗅覺靈敏的企業，似乎已經感受到了春的氣息，就像那位雅士看到了梅花開放就知道春天就要到來一樣，開始克服各種困難，精心準備，期待迅速崛起。

可是，《動物精神》的作者，耶魯大學金融學教授羅伯特希勒提醒我們，只要在市場中的人還有非理性的「動物精神」，即使經濟看起來有回春的跡象，危機卻始終不會遠離我們。他說，只有政府充分運用「看得見的手」來調節市場，完善機制，才能多少避免悲劇重演。可是，作為企業，面對這樣的市場，又當何去何從？羅伯特希勒沒有告訴我們。實際上，不僅耶魯大學商學院不教，在整個現代西方經濟學中，面對這個問題，沒有誰能為企業提供任何靈丹妙藥。

好在東方的文化中有「道法自然」的哲學，東方經濟學學者提出了「仿生經濟學」，讓企業在嚴苛市場環境下的生存發展之路中看到一線光亮。

仿生經濟學認為，市場經濟的發展也如同自然演化，講究物競天擇，適者優者存活。所謂適者和優者，就是能夠猜中經濟風向轉變，快速銷售、壓縮庫存、儲備現金、伺機出動；而劣質汰者則抱殘守缺、錯失良機，最後只能失敗。事實上，這一過程，類似於植物的生長進化。他們躲避了資本縮水，儲備了必要資金，為下一次經濟高峰的到來做好了準備，最終讓未來的經濟能夠更健康地逾越此前的高點，迎接「創造性破壞」的雋永真義。

運氣總是眷顧那些有準備的人，企業經營也是如此。只有那些在經濟嚴冬中頑強堅守，並主動觀察市場，預測市場未來走向，時刻捕捉經濟復甦資訊的企業，才能贏得先機，成為經濟春天的新寵兒。

本書用植物仿生經濟學的原理，探討在新的機遇面前，那些經歷了嚴冬考驗，堅強生存下來的企業，如何向各種植物學習，練就一身企業經營之道。動物經濟的迷局，植物邏輯可一一破解，一草一木都會給你提供企業經營和企業管理的獨門絕技，讓你在經濟復甦的大潮中「野蠻生長」，領先一步，占盡先機。

Directory

第四章 有些花草情未了——追情人一樣追顧客

第五章 有些花草要幫扶——管理要跟上

Directory

第一章

東風送暖，經濟復甦的春天就要到了

策略1 俏也不爭春，只把春來報——運氣總是眷顧那些有準備的企業

【植物精靈】

寒冷的冬天，所有的花都凋謝了，唯獨梅花，迎風怒放，暗香襲人。

相傳隋朝的時候，有一位雅士在羅浮山隱居。一天深夜，他趴在書案上睡著了，夢見一位穿著潔白紗裙的年輕美貌女子與自己對飲，旁邊一個碧紗少女唱著歡快的歌曲，跳著優雅的舞蹈。醒來後，天已放亮，他發現窗外的梅花悄然綻放，樹上一隻鸚鵡輕聲啼叫，原來夢見的是梅花小姐和鸚鵡姑娘。他推門而出，聞到淡淡的花香飄來，看見天上只留下一鉤殘月，心中不免無限惆悵。但轉念一想，梅花開放，冬盡春來，不久的將來就是春色滿園，不覺豁然開朗，踏著一地的殘雪向山下走去。

隨著經濟危機的漸行漸遠，經濟復甦的預兆在不知不覺中開始顯現。雖然目前市場依舊蕭條，購買力還很疲軟，但隨著各國政府拉動經濟的各項政策逐漸落實到位，金融行業進一步擺脫困境，逐漸穩定；能源和日用生活品行業率先復甦，整個世界經濟正在觸底反彈。那些熬過了嚴冬，嗅覺靈

敏的企業，已經感受到了春的氣息，就像那位雅士看到了梅花綻放就知道春天就要到來一樣，開始克服各種困難，精心準備，期待迅速崛起。

運氣總是眷顧那些有準備的人，企業經營也是如此。只有那些在經濟嚴冬中頑強堅守，並主動觀察市場，預測市場未來走向，時刻捕捉經濟復甦資訊的企業，才能贏得先機，成為經濟春天的新寵兒。

【案例現場】

斯沃達是一家小型的鞋業公司，以生產旅遊鞋和休閒鞋為主。金融危機爆發後，訂單銳減，四條生產線有三條逐漸停止運轉，剩下的那條生產線也是開工不足，大部分工人放假回家。一時間，公司的資金週轉出現了短缺，陷入了成立以來從未遇到的困境。

面對嚴峻的市場形勢，老闆史密斯並沒有坐以待斃。他一方面嚴格管理，大幅度削減各項開支，節約資金，應付難關。同時多方溝通，請求朋友們答應自己在市場恢復時，能夠給予資金的支持，為日後崛起做好資金保障。另一方面，他根據自己對市場的觀察和研究，組織技術人員，開發出一種集旅遊和休閒於一身的輕便旅遊鞋，價格低廉，舒適實用。並將一批樣鞋分別擺放在各大超市和鞋類專賣店，許諾在每個超市商店中前一百雙鞋免費試穿。

史密斯一邊做好生產的各種準備，一邊仔細觀察著市場的反應。果然，過了兩個多月，第一張訂單來了，訂貨量只有五百雙，是一家超市連鎖企業。但這一筆訂單就像報春的梅花一樣，讓他嗅到了春的氣息。於是，史密斯開動了一條生產線，開始正式投入生產。果如他所料，訂單逐漸增加，半年後，工廠的四條生產線已經全部運轉了起來，工人又回到了工廠。他的朋友們看到企業已經恢復營運，紛紛拿出自己的積蓄，為他提供了足夠的資金，確保生產順利進行。

斯沃達鞋業公司設計開發的這種輕便旅遊鞋，價格低廉便宜，不到一般旅遊鞋價格的三分之二，但非常適合居家和短途休閒旅遊，所以很受中低收入的底層家庭的歡迎。有了市場和資金的保證，史密斯的企業不僅度過了經濟危機，還為企業今後的發展奠定了基礎。但他也清醒地認識到，必須時刻盯緊市場需求，把握住市場的脈搏，才能使企業的發展真正走上正軌。

經濟危機沒有把斯沃達擊倒，反而為它提供了一個非常好的發展良機。從這個案例，我們可以瞭解到斯沃達的成功有以下幾個原因：

第一，老闆史密斯沒有自亂陣腳，面對困境，他加強管理，並主動出擊，尋求資金支援。

第二，時刻關注市場，用靈敏的嗅覺把握顧客的真實需求，不是被動等待，而是主動出擊，開發適合市場需求的產品。

第三，用物美價廉的產品來打動顧客，雖然利潤不高，但已捷足先登，佔有了市場，並為企業的發展積蓄了資金和能量。

在經濟的嚴冬中存活下來，並不是企業的終極目的。被動等待春回大地的時候，再做復甦的打算，已經為時已晚。即便能在市場上得到一些殘羹剩汁，也難以獲得發展的良機。所以，未雨綢繆，做好充分的準備，一旦春天來臨，才能即時捕捉到發展的機會，贏得市場的青睞，成為新的勝

利者。

【試說新語】

商場就是沒有硝煙的戰場，要想獲得勝利，就不要打無準備之仗。為迎接春天的到來，企業應該做好迎接復甦的各種準備：

首先，要時刻把握市場的脈搏和動向。

其次，要在產品和技術上下足工夫，抓好技術人才培養，開發適合市場需求的新產品和新服務，儲備好核心競爭力，時刻準備出擊，搶佔市場。

再次，要多方籌措資金，保證充足的給養，軍馬未動，糧草先行。

最後，加強管理，從制度和管理機制上，為適應新的發展打下良好的基礎，做好充分準備。

總之，時不待我，哪個企業做好了準備，哪個企業就會在市場重新洗牌中摸到一手好牌。

賢人指路

若不是讓畫筆蘸滿天園的七色顏料，人間靈巧的畫師又怎能繪出斑斕的七色彩虹？

——華特．史考特

策略2 五九六九，沿河看柳

——捕捉到市場復甦的訊息

柳樹透出的那一絲綠意，如果站在樹前，根本看不出一點痕跡，但遠遠望去，卻會感覺到河岸的垂柳泛著淡淡的綠色霧靄，若有若無、朦朦朧朧，這就是春的第一縷氣息。

【植物精靈】

有人說，春是由地底下冒出來的。春未到柳先翠，柳樹最先感受到大地回暖的體溫，悄悄地拱出了自己的芽苞，沐浴第一縷春風，搶得春天第一縷陽光。柳樹的生命力極強，尤其喜歡潮溼向陽的窪地，在坑塘水邊，只要插棵柳枝，就能成活。正因為它是春天的報信者，人們自古就有種柳、愛柳、歌詠讚美柳樹的習俗。

有一年下雪天，晉代王侯謝安，突然來了雅興，問他的子侄們，天上飄飄灑落的雪花像什麼？謝安的侄女、大才女謝道韞款款答道，像春天的柳絮被風吹起，洋洋灑灑，漫天飛舞。大家聽了莫不點頭稱奇，佩服她的才情和想像力，後人便稱她為「柳絮才」。唐代大詩人杜甫也有關於柳樹的詩句，他寫道「洩露春光是柳條」，讚揚柳樹是春天的使者。

物極必反，經濟危機雖然來勢凶猛、破壞力強，但也有結束的一天。嚴寒中孕育復甦，經過長期的蕭條，新的力量慢慢累積起來，市場需求逐漸增加。種種跡象顯示，經濟春天的腳步正越來越近，很快就會來到人們的身邊。做為熬過了寒冬的企業，這個時候就應該深入市場，去感受和捕捉春的資訊——市場回暖、經濟復甦的資訊。

就像春天到來一樣，經濟復甦並非不期而至，各種徵兆都會紛紛顯露出來。金融、股市、期貨、房產、能源、政策、就業、人們的日常生活，各方面都會露出端倪。這時，企業就要有一隻嗅覺靈敏的鼻子，一對耳聽八方的耳朵，一雙觀察入微、洞察秋毫的眼睛，隨時捕捉各種資訊，抓住機會，搶先一步開拓市場，並為自己企業的發展覓得良機。

【案例現場】

一天，某企業的產品銷售員正坐在家中的電腦前瀏覽新聞網頁，無意間看到一條不起眼的廣告：某國的一家公司大量求購礦山工人野外作業的安全用品。他的腦海突然閃過一個念頭，預感到這個國家的經濟已經開始復甦了。因為求購大量的安全用品說明，大批工人已經重新走向工作職場，而做為原材料的礦石開採恢復生產，其下游企業自然也會運轉起來。想到這，他立即打開那個國家的相關網頁，看到的新聞印證了他的想法。

第二天一上班，他就找到了董事長和總經理，把自己的想法告訴了他們，建議企業早做準備，因為他們企業的產品，主要也是銷往那個國家的。董事長讓總經理向那個國家的合作夥伴打了個電話，打探情況。電話打通後，對方回答說，目前不需要他們公司的產品，什麼時候會需要，他們自己也不知道。

銷售員建議公司管理階層，應該到那個國家實際考察一下，全面深入地瞭解一下該國的經濟情況。但董事長以資金吃緊為由，拒絕了他的建議。這件事就這樣放下了，大約過了四個月，那家客戶公司突然來電，需要訂購他們公司五套生產設備，但要求兩個月內供貨。這一下公司管理階層著急了，因為他們毫無準備，部分工人需要重新招募，資金缺口很大，原材料需要預訂，重新組織生產，根本就來不及。最後只好放棄這次訂單，錯過了一次絕地反彈的好機會。

消極被動等待，使這家公司沒能即時抓住機會啟動復甦的按鈕，錯過了一次迎接企業春天到來，謀求企業走出低谷，走上正常發展軌道的契機。他們失去的，不僅僅是一批訂單，可能是客戶和市場。一步落後，步步落後，他們要想趕上來，難度恐怕要比現在大得多。本來，他們已經看到了柳梢泛出的綠意，嗅到了春天的氣息，可惜管理階層並沒有採納銷售員的合理建議。他們沒有即時深入瞭解經濟的整體動態和市場形勢的變化，依舊躲在岩洞中過冬，以為春天還離得很遠，結果眼睜睜看著大好的機會離自己而去。這個企業的情況，在很多企業中都大量存在，他們被經濟危機壓迫得麻木了、消極了，不敢冒險，不去關注經濟和市場的動態，只想等待經濟整體的復甦再做打算。可是等到春回大地的時候，市場和機會早被那些準備好的企業瓜分殆盡了。

【試說新語】

企業要想在經濟危機過後，迅速發展，不僅要做好各項準備工作，打牢基礎，還要時刻關注經濟和市場的動向，即時捕捉經濟復甦的資訊。

第一，密切關注政府政策的風向球，它是經濟走向的指示牌。

第二，關注金融、股市、期貨等相關行業的發展走勢，從中捕捉市場的行情。

第三，關注能源、房產等產業的動向。

第四，深入自己企業所處的行業和市場，時刻保持對市場的警覺，根據市場的需求變化，尋找重返市場良機。

賢人指路

命運是一件很不可思議的東西。雖人各有志，往往在實現理想時會遭遇到許多困難，反而會使自己走向與志趣相反的路，而一舉成功。我想我就是這樣。

——松下幸之助

策略3

青草發芽，老牛喝茶

——抓住機遇，搶先一步

「草色遙看近卻無」，這是描寫春天小草發芽情景的一句話。世界上沒有比小草更能適應環境了，無論走到哪裡，都看得到它們。小草頑強的生命力，很值得企業在經營管理中學習。

【植物精靈】

一個光禿禿的岩石，由於長期受到風吹日曬、雨打水沖，裂開了一道小小縫。一粒草種落在裡面，沒多久，岩石縫中長出了一株小草，狂風沒有吹走它，太陽沒有曬枯它，雖然羸弱，但還堅強地活了下來。

一天下午，一頭牛不小心摔到了這塊岩石上，傷勢嚴重，奄奄一息。小草就在老牛的嘴邊，老牛本能地伸出舌尖，咬下了小草。結果奇蹟出現了，老牛掙扎著站了起來，過了一、兩天，傷口竟痊癒了。據說，牛本來是以吃樹葉為生的，從此就改吃草了。老牛特別喜歡春天嫩嫩的草芽，吃到草芽，就像人們喝到穀雨前新採的茶葉一樣舒服，所以老百姓常說，春草發芽，老牛喝茶，用來形容老牛對小草的喜愛。

經濟危機過去，春天已經來臨，市場百廢待興，這是最好的發展機遇。企業這時候一定要抓住機會，像掉落在岩石縫隙的那棵小草一樣，適時紮根發芽，獲得生存先機。

經濟危機對消費者的影響巨大，不僅改變了他們的思想意識，也改變了生活消費習慣。對於企業和市場來說，這既是挑戰，更是機遇。

這個時候，企業最應該做的是什麼呢？

第一，企業生存的土壤是市場，盯準市場，在市場上找到播種的縫隙。

第二，根據市場需求，開發出適銷對路的產品，培育好自己核心競爭力，讓種子適時破土發芽。

第三，即時調整自己的經營理念，將經濟危機時的被動防守，變為主動出擊。

第四，多方籌措資金，確保企業擴張所需要的資金鍊條保障。

第五，廣泛搜羅人才，搞好人才儲備，為企業發展留足後勁。趁經濟危機造成的大量人才閒置的機會，吸納未來發展所需的各種人才。

第六，耐心地培育自己播下的種子，耐心地等待經濟全面復甦的春風吹來，使之茁壯成長。

【案例現場】

上個世紀三〇年代，一場導致世界經濟大蕭條的危機爆發後，美國一家經營傳統家具的小公司被迫關門倒閉。老闆約翰和他的兒子，只好回到鄉下去種馬鈴薯。那一年馬鈴薯收成不錯，但銷量並不樂觀。有一次，他拉著馬鈴薯到城裡銷售，一整天也沒有賣出去多少，雖然買馬鈴薯的人很多，但都買的量很少，一個人五斤、四斤，就算不錯了。

正當他感到失望和沮喪的時候，有一個買馬鈴薯的顧客跟他閒聊起來，問能不能用家裡的東西換他一些馬鈴薯。約翰猶豫了半天，覺得馬鈴薯賣出去也很難，不如就換給他一些。他來到顧客家中，發現能換的東西並不多，由於他是經營家具出身的，就對顧客家中堆放的辦公桌椅產生了興趣。那時候，食物要比這些辦公桌椅值錢得多，於是他就用幾袋馬鈴薯換回了不少辦公桌椅。鄰居看到他把馬鈴薯都賣出去了，紛紛來求他幫忙。約翰考慮了半天，答應幫助銷售，但錢要等半年後才能支付，鄰居們答應了這個條件。約翰把馬鈴薯拉到城中，專門換那些倒閉公司的辦公桌椅，很快他的院子中就堆滿了這些辦公用具。

不久，他的一個朋友接了一個公路建設專案，急需一些辦公用具，約翰就向其推薦自己用馬鈴薯換回的辦公桌椅。朋友見這些桌椅既實用又便宜，就全部買了下來。價格雖然比市場上便宜很多，但對約翰來說，卻賺了不小一筆。他付了鄰居們的馬鈴薯錢，發現有很多結餘，就用這筆錢到處收購那些閒置的辦公桌椅。羅斯福新政實施以後，經濟開始復甦，很多公司又如雨後春筍般冒了出來，約翰很快賣出了他收購的舊桌椅，並成立了一家新的公司，開始經營辦公用品，並獲得了巨大成功。

約翰種了一年的馬鈴薯，又回歸了他的老本行，但這次他不是經營的家具，而是舊的辦公桌椅。開始也許是無奈之舉，但卻為他後來的成功經營埋下了希望的種子。那些因為公司倒閉而閒置下來的桌椅，雖然不值多少錢，但是約翰卻看到了它的潛在價值：這些桌椅雖然舊了一些，但卻適合那

些度過危機，重新創業的人。

正是這些桌椅，為約翰日後的發展贏得了先機。當經濟的春天到來的時候，他不僅擁有了市場，還擁有了資本的累積，很快就在市場上站穩了腳跟。

領先一步，不是一件容易的事情，這需要企業不僅有眼光，還要有膽略。

一棵不起眼的小草，因為發芽早，又適應各種惡劣的環境，而獲得生存空間。企業也是如此，誰能做好充分的準備，即時推出市場所需的產品，誰就能在其他企業還在徘徊觀望的時候脫穎而出，獲得足夠的發展上升空間。

【試說新語】

企業要想在經濟危機過後即時復出，贏得發展的先機，就應該有一個敏銳的觸角，時刻捕捉到市場新的需求資訊。同時，在資金籌措、人才儲備、制度管理等方面奠定好基礎，搞好產品的研製開發。一旦機會出現，立刻牢牢抓住，乘勝追擊，掌握住市場的主動權和主導權，勢必會在未來的市場博弈中，贏得先機，勝券在握。

賢人指路

誰成了哪一行的頂尖，誰就能走運，因此，不管哪一行，我只要成了頂尖人物，就一定會走運。機會自然會到來，而機會一來，我憑著本領就能一帆風順。

——盧梭

策略4 向陽花木早逢春

——即時獲得政策的支持

俗話說：「長袖善舞，多財善賈。」一名聰明的商人要眼看六路、耳聽八方，能夠在春天來臨之際為自己爭取到更多的種子和肥料。在全球化的經濟時代，競爭優勢做為「春播」的福音越來越多樣化，「近水樓台先得月，向陽花木早逢春」，得到政策支援越多，企業越容易在新的市場競爭中一舉勝出。

【植物精靈】

在一堵牆的兩面，生長著幾株迎春花。春天到來沒多久，向陽一面的幾株已經花朵鮮豔，迎風怒放，遠遠看去就像一團金黃的雲霧。有幾隻蜜蜂在花朵間輕盈地飛翔，嗡嗡地唱著小曲。而在牆的背陰面，那幾株迎春花才剛剛含苞，花朵開放估計要晚好幾天，植株也比向陽面的那幾株矮小瘦弱得多。

這些迎春花的不同境遇，正好印證了向陽花木早逢春這句話，企業也是一樣，「陽光」充足、「養料」充足，自然發展迅速。經濟復甦不是某個企業的事，會波及整個國家乃至全球，政府總是

很積極地想辦法、找出路，為拉動經濟復甦做各種工作。

【案例現場】

透過經營政府特許經營項目來實現企業效益的事例，比比皆是，成功的企業也非常多。例如，二○○四年，美國蒙大拿州Great Falls市城市管理委員會一致同意，延長了和威立雅水務在城市污水處理方面的契約，延長期為十年，價值高達二千五百萬美元。同時拓展了威立雅水務的服務專案，使它能夠營運、維持該市每天二千一百萬加侖污水二級處理設施，擁有二十六個提升泵站，並負責收集、分析工業污水預處理樣品，保證Great Falls市將繼續擁有穩定的污水處理率。

很多人認為，這個長期的合約必將對刺激當地經濟的發展起到積極的作用。Great Falls市行政官John Lawton是這樣描述延長合約的理由的，他說：「二十七年來，威立雅水務及其原公司，安全地營運和維持我們的污水處理設施，沒有違反污染物排放規則，沒有因此而被處罰過。這個公司還為我們的社會發展進行投資，我們很高興繼續與其合作，在發展經濟的同時保持我們的環境品質，並給Great Falls帶來更多的商業機會。」Lawton先生接著補充說：「威立雅水務在過去的二十七年裡所提供的服務並不限於污水處理，這個公司誠心誠意支持我們的城市。最近，在一份獨立契約中，它還幫助我們分析在污水處理廠中利用廢能進行發電的可能性。」

「契約延長對我們來說非常好。我們的專業隊伍為了市民和環境的利益，對我們自身的規劃和系統進行了優化。得知Great Falls與我們延長契約，真是太高興了，我們期待著再為Great Falls市服務十年。」威立雅水務在Great Falls市的專案經理Wayne Robbins先生，對延長合約做了這樣的評價。

威立雅水務（北美），就是先前的美淨營運服務公司，主要業務是經營政府特許經營的項目，為市政及工業用水提供服務，包括飲用水和污水處理，為六百個社區、大約一百四十萬人口提供用水保障。該公司是威立雅水務的北美分部，而威立雅水務又隸屬於世界最大的環境服務公司威立雅環境集團。威立雅集團在八十多個國家設有分公司，擁有雇員三十一萬，每年收益高達二百八十六億美元。

國家透過一系列措施，會加強本國企業的競爭優勢。比如荷蘭，花卉業異常出色，原因並非其獨特的地理位置，而是國家支持他們在花卉培育、包裝、運送等各個方面走上專業的道路。再如日本，國土狹小，人口眾多，為此生產的家電大多體積小、攜帶方便，這個需求導致他們生產出全球最精密的家電產業。還有義大利，金銀首飾業領先全球，因為國家為其提供了優良的供應商和相關產業，他們的機械業佔全球市場比例的60%。

總之，一個動態的「鑽石體系」，會提供企業、民族、國家的競爭優勢。爭取到一些政府支持項目，肯定會增強春播的「福音」。然而，政府的支援不是說說就可以得到的，需要動腦筋，更需要努力爭取。

【試說新語】

什麼樣的項目容易獲得政府的支持呢？

第一，在經濟復甦中，能夠增加就業機會，給更多人提供衣食保障的項目一定最受國家支持。

任何國家都應該是人民的庇護所，不管經濟怎麼發展，都是以提高人民的生活為基礎。在企業紛紛倒閉關門的情況下，大量人員失業，無處安身，如果復甦中有一個可以解決就業的項目，自然會給很多人帶來溫暖。

第二、與國家政策配套的項目受支持。

國家調控的是宏觀經濟，注重產品創新、市場開發，如果一個產品已經面臨淘汰，繼續生產會過剩，國家是不會支持的。實際上，經濟復甦就是一次洗牌機會，國家會藉機淘汰一些項目，啟動一些項目。因此企業要想得到政府支援，必須弄清楚國家的意圖，跟上形勢。

例如空調業，大家都在生產空調，有一家公司卻從激烈的競爭中悟出：空調污染環境，受到顧客、社會排斥，如果生產一種空調淨化設備，可以滿足人們需要純淨空氣的需求，並創造一種新的消費取向。結果，這種「綠色」系列空調得到了社會和顧客普遍認可，成為了國家支援的項目之一。

第三、民生行業受國家支持。

民生是國家根基，可是這種行業往往由壟斷企業、國家企業去做，中、小企業要想從中分一杯羹談何容易。不過機會不是沒有，這時可以做提供原料、勞務等各項基礎工作。

賢人指路

好的設想處於現實與烏托邦之間，想像是恰好還能做成的事情。

——荷爾曼．西蒙

策略5 小荷才露尖尖角

——準備好出擊的糧草

【植物精靈】

古時候，煙波浩渺的洞庭湖沒有魚蝦，也沒有花草，到處白茫茫一片，景色十分荒涼。天上有一位蓮花仙子，長得既漂亮又善良，她私自偷了百草的種子，下凡來到洞庭湖。在湖邊，仙子遇到了一個叫藕郎的小青年，就和他一起在洞庭湖種下了菱角、芡實、蓼米、蒿筍、蒲柳、蘆葦等很多植物，引來了成群的鳥兒來棲息。看到這麼美的景色，仙子也不願回到天庭了，就和藕郎成親結婚，過著幸福美滿的日子。

玉帝知道這件事之後，非常生氣，就派天兵天將下界來捉拿蓮花仙子。蓮花仙子只好藏身洞庭湖水底，並把自己精氣所結的一顆寶珠給了藕郎。天兵天將捉住了藕郎，藕郎就把寶珠吞進了肚子中，天兵天將見狀揮刀把藕郎砍為兩段，在刀口處留下了細細的白絲。可是過了不久，藕郎的身體又合在了一起。殺不死藕郎，天兵天將只好用法箍箍住他的脖子，將其扔進了湖中。藕郎落地生根，長出白白的藕來，法箍箍住一節，他就向前長一節，這就是藕節。蓮花仙子藏身水底，看到

藕郎化身的藕，忍不住抱住痛哭。為了讓藕郎呼吸到空氣，見到陽光，蓮花仙子就化身荷葉長出水面，於是他們的愛情結晶開出漂亮的蓮花，結成珍珠一樣的蓮蓬。藕郎在泥土中負責吸收養分，養育一家人。

在池塘中，蓮葉會伸出尖尖的角，鋪展開，就是一個漂亮的蓮葉。蓮葉之所以能順利地鑽出水面，是因為水下泥土裡的藕為它累積了豐富的養料。企業經營也應該如此，要想在經濟復甦中迅速發展，必須像藕一樣，累積大量的養分。企業經營需要累積的內容有很多，既需要技術、人才，又需要有資產、品牌、文化等要素。那些能夠長遠的企業，無不是以累積取勝。而與之相反，一些企業在發展起來後，不注重累積，最後逐漸將自己逼上了絕路。

人才、創新、風險投資都很重要，但是真正的發展離不開累積。累積是什麼？是儲備春播的種子化肥，是一個工序流程化的制度！沒有種子，沒有制度，企業很容易癱瘓，發展壯大更是無從談起。

【案例現場】

在北美一家工廠附近有一片小森林，深秋時節，一隻松鼠在不停地尋找著食物。牠跑得那麼快、那麼辛苦，三分鐘左右就來回一趟，將很多食物存到了樹洞中。

辛勤的松鼠並不知道，牠的一舉一動被一位工廠的新主管看在了眼裡，記在了心中。這位主管負責的工廠效率非常低，是整個企業三十二家工廠中最差的，如果再不進行改變，就只有等著關門了。

主管剛上任不久，為如何提高效率愁眉不展，這才來到森林邊散心。他目不轉睛地盯著那隻勤勞的松鼠，忽然逐漸明朗起來：松鼠為什麼這麼拼命？就在於沒有吃的就無法生存，有糧食才有存活的機會。為了存活下去，必須加快步伐，儲存更多糧食，這就是松鼠工作的目標！想到這，他興奮極了：我知道該如何做了？求生存是不停工作的價值根源。

於是，主管採取了一系列措施，工廠很快大變身，成為三十二家工廠中效率最高的一家。

學習松鼠存糧，改變了一家工廠的命運。身為主管，要讓工廠的每一位工人都明白，不工作，即倒閉的道理；一旦工作目標明確，就要努力地工作，盡力多儲糧。

大名鼎鼎的派克公司，以高檔筆叱吒鋼筆市場，沒人敢與之爭鋒。可是公司卻不累積自己的品牌優勢，不從品質上下工夫，反而把精力放在轉軌、進軍低價筆市場上。結果，派克的形象受損。而此時，一家名為克羅斯的公司趁機而動，下力氣進軍高檔筆市場。沒多久，派克不僅沒有奪取低檔筆市場，在高檔筆市場所佔的比例也大幅下降，僅佔17％。

與派克同樣敗走滑鐵盧的還有「勝家」，曾幾何時，美國勝家生產的縫紉機家喻戶曉，佔據世界市場比例的三分之二。可是到了一九八六年，勝家公司卻被迫宣布：不再生產縫紉機了！是什麼讓其放棄了自己最優勢的品牌？是勝家公司上百年來沒有累積技術，不能與市場接軌、沒有後勁的結果。

知道嗎？一九八五年勝家公司還在生產十九世紀設計的產品，此時此刻，世界其他縫紉機公司早

已生產出如「會說話」的縫紉機、「音樂」縫紉機、「電腦」縫紉機等高級品牌。這些縫紉機具有更多功能、更優質的服務，那些自動選擇針腳長度、布料緊度的技術，體現出高度自動化特色。在這種情況下，老邁的勝家公司怎麼可與之競爭？

看一看失敗者的教訓，會讓人更清楚該注意的問題，該避免走錯路。

有了目標才有奔跑的方向，有了價值才有持久的動力，學習蓮藕精神，為春天發芽吐綠，儲備更多養料吧！

【試說新語】

想在經濟復甦中佔得一席之地，企業應該做好各方面豐厚的累積。無論是資金，或是技術、人才、產品、科學的管理制度等，都要儲備充足。特別是品牌和產品，是企業立足市場的核心競爭力，更應該優先儲備。

累積技術，是企業發展的動力，不能臨到用時花錢買，那樣不僅短命而且容易被淘汰。沒有雄厚的技術累積的企業，是很難成長壯大的。優秀的企業，其實就是優秀的人才掌握著先進的技術。

賢人指路

我從不相信成功，但我為成功而奮鬥。

——依斯特・勞德爾

第二章

有些花草起的早

——捷足先登，搶佔市場

策略6 迎春花開早

——早行動，佔主動

市場是企業的土壤，沒有了市場，企業就是無根之木。何時開拓市場，開闢哪裡的市場，如何開拓市場，是企業初涉市場必須面臨的抉擇。這一系列問題非常重要，決定了企業未來發展的方向。

【植物精靈】

天地鴻蒙，到處一片汪洋，大禹走出家門，帶領百姓治理洪水。當他路過塗山的時候，遇到一位善良的姑娘，這位姑娘幫他們洗衣做飯，還帶領他們尋找水源。大禹感激姑娘的熱心，姑娘也喜歡上了大禹的聰明能幹，兩個年輕人互相愛慕，最後喜結良緣。大禹因為忙著治水，新婚沒幾天，就要出門，臨走，姑娘把大禹送了一程又一程，遲遲不肯分手。當送到一座山嶺上時，大禹對姑娘說：「千里相送，終有一別。妳回去吧！治不好水，我是不會回來的。」姑娘抹著眼淚回答道：「你放心去治水吧！我就站在這裡等你，一直等到你治理好水患，回到我的身邊。」大禹把纏在腰間的藤條解下來，送給了姑娘做紀念。姑娘接過藤條，撫摸著說出自己的心願：「等到荊藤花開，大水就會退去，你就會回來了。」

幾年過去，大禹激動萬分，大禹治水成功，可是當他跑到姑娘面前才發現，姑娘早已化做了一尊石像。他遠遠看見那位姑娘正手舉著荊條，站在山頂上。

原來，自從大禹走後，姑娘就整日站在山頭上張望，盼望大禹早點回來，天長日久，便化成了石像。姑娘的手和荊條長在了一起，荊條裡流動著姑娘的血脈，漸漸泛出了綠意，發出了嫩芽，吐出了綠葉。大禹的淚水滴落在藤條上，瞬間綻出了一朵朵金黃的花朵。荊藤開花了，洪水被治理好了，大禹為了紀念自己心愛的姑娘，就給這荊藤開的花兒，命名為迎春花。從此，大禹走到哪裡，迎春花就跟著開到了哪裡，春天來了，大地又恢復了勃勃的生機。

企業開拓市場，就應該像迎春花一樣，走在春天的前面，走在經濟復甦的前面。這就需要企業深入觀察市場的形勢，摸清市場需求動態，用產品圈佔市場，用品牌孕育市場，未雨綢繆，先入為主。一旦市場復甦，就贏得了先機，為全面佔領市場、站穩市場，贏取時間，打牢基礎。

市場對產品的接納和認可，有先入為主的特點，總認為最早進入市場的產品就是正宗的、最好的，這完全符合人們一般的消費心理。企業越早進入市場，越容易獲得認知，越容易被接受、被認可，成為消費者心目中同類產品的品質標準。所以，捷足先登對眾多處於經濟復甦同一起跑線上的企業來說，就意味著生死存亡。領跑者處處佔盡優勢，尤其是在市場的信任度、美譽度、依賴度等方面，無形之中就高於跟進者。為此，企業如何看準時機，早行動，佔主動，是考驗企業在經濟復甦中的市場靈敏度和生存力的重要法則。

【案例現場】

日本繩索大王島村寧次是開拓市場、搶佔市場先機的高手。他的創業法寶就是及早圈佔市場，佔領市場，而不是先賺錢或先圖利。他認為，只要市場是你的了，那麼市場遲早會把利潤回報給你。創業之初，島村寧次把市場瞄準了東京一帶的紙袋工廠，他以五角錢的單價，大量購進紙袋廠需要的麻繩，然後再以五角錢的價格賣給紙袋廠。這樣，在價格上他就佔盡了優勢，深受紙袋廠的歡迎，為自己贏得了「島村寧次的麻繩真便宜」的美譽。很多麻繩用戶紛紛購買他的產品，成為他的長期客戶。

一年後，他已經牢牢地佔據了市場，訂單源源不斷。這時候，他拿出所有的購貨單對客戶說：「這是我一年來購進麻繩的進貨單，我一分錢也沒有賺你們的，圖的就是一份信任，但這樣長久下去，我只有關門大吉了。」客戶被他的誠信打動，深感敬佩，主動為他的麻繩單價提高五分錢。接著，島村又拿著所有的銷貨單，找到麻繩供應商說：「您看，這是我一年來的銷貨價格，這一年，我只是為你們的產品做了義務宣傳員和推銷員，一分錢沒有賺，再這麼下去我只好破產倒閉，回家睡覺了。」供應商翻看著厚厚的一疊銷貨單，非常感動，二話沒說就把向島村供貨的每條繩索單價降低了五分錢。這樣一來，兩頭一算，島村的麻繩已經有了一角錢的利潤，非常可觀。由於名聲好，信譽度高，沒幾年，島村就成了遠近聞名的富商。

島村寧次的故事，對企業開拓市場具有重要的啟示意義。開拓市場，要目光長遠，不計較一時的得失，就像迎春花一樣，只有先獲得生存的土壤，才有開花結果的機會。先下手為強，哪個企業膽

識過人，敢為天下先，哪個企業自然就佔得發展的先機。

【試說新語】

企業要想在經濟復甦中佔據主動，就要密切關注市場的需求動態，保持靈敏的嗅覺。一旦摸清市場的需求方向，就及早用產品去圈佔市場。在先入為主的同時，定位要準確，不可盲目，要突出產品和服務的優勢，以信譽和品質贏得人心，獲得市場和顧客的認可。只有如此，才能迅速鋪開市場，把主動權牢牢抓在自己的手中，為企業的發展開個好頭。

賢人指路

經驗顯示，市場自己會說話，市場永遠是對的，凡是輕視市場能力的人，終究會吃虧的！

——威廉·歐尼爾

策略7 越冬小麥先抽穗

——大力推廣危機中存活下來的產品

【植物精靈】

大地剛剛形成不久的時候，植物繁茂，到處是爭奇鬥豔的小花小草。小麥因為長得土氣，為人又憨厚，那些花花草草都很瞧不起它。有一次，天上的神仙下界傳旨說，王母娘娘要選一種花草的種子，磨成麵粉做生日壽桃。誰的果實好吃，誰就能當選，也將獲得人間的精心照顧，成為植物之王。為此，神仙準備組織一場競賽，比試一下，看看明年那一種花草先結果，結出的果實最好吃。

小麥為人老實，知道自己沒什麼優勢，俗話說，笨鳥先飛，秋天一到，它就急急忙忙把自己的種子種在了地裡，很快就發出了嫩芽。其他的花草都笑它，說這麼早就發芽，冬天一來，非被凍死不可，看你明年還怎麼活命。北風吹來了，冬天到了。小麥瘦弱的身子感到了寒冷，便用力把根向泥土裡紮，盡量獲得一絲溫暖氣息。它的葉子雖然被凍得枯黃，但根系已經深深地紮進了土壤中。春天終於來了，小麥感受到了地下溫暖的氣息，它吸足了養分，第一個挺起了身子，迎接春天的陽光雨露。此刻，別的花草才剛剛萌芽，它卻已經開始拔節長高了，在距離王母娘娘生日還有一個月，

小麥就已經結出了香噴噴的果實。這一下，引起了天庭的轟動，小麥不僅被封為植物之王，得到了人們永遠的照顧，還成為人間最好的美食。

小麥之所以受到人們的青睞，與其自身品質是分不開的，尤其那些越冬小麥，磨出的麵粉更好吃。企業產品也是如此，那些經歷了經濟嚴冬考驗的產品，已經深深地紮根在了顧客的心中，牢牢地在市場上存活了下來。如此生命力強大的產品，就是發展的引擎，源源不斷的動力保障。因此，企業必須抓住機會，借勢而上，用這些產品去開闢市場，使整個企業率先在經濟復甦的春風裡，佔得先機。樹大遮蔭，當自己獲得足夠的市場空間後，那些後來者就很難超越了。

能承受住嚴冬考驗的產品，一定是人們生活生產所必需的產品，其廣闊的前景，自不必說。哪個企業能抓牢產品，升級品質，完善服務，哪個企業就獲得了生存和提升的捷徑。復甦，自然是指日可待了。

【案例現場】

陳華女士是很早就來到俄羅斯彼得堡淘金的華裔，她繼承祖業，一直經營著一家高檔藤製家具店。經濟危機前，生意一直不錯，很多藤編家具被一些上層主流家庭當作藝術品收藏。有一年，她故鄉的一個遠房親戚來投奔她，在彼得堡華人區開了一間小小的煎包鋪，勉強維持生存。這種煎包，在中國北方只能當早點出售，前景一般。經濟危機爆發後，人們收入減少，很多華人為了節約開支，就把這種煎包當成了主食，中午和晚上，也會有很多人來購買。煎包鋪的買賣，一下子熱銷了起來。

陳華女士看到煎包生意不錯，就和自己的親戚協商，她投資，讓親戚負責技術，開幾家連鎖店，利潤按協商的比例分成。親戚同意了，她們就在主要的華人區，開設了六家連鎖店，她借鑑開藤器店的經驗，進行電話預約，送貨上門，很快便贏得人們的青睞。不僅是華人，就連很多俄羅斯人也喜歡上了這種煎包，時不時就會過來嚐鮮。

經濟危機漸漸過去了，陳華女士就把自己的藤器家具店委託給一個員工負責經營，自己一心一意做起了煎包速食連鎖經營，並增加了一些花色品種，對主打產品進行了改善。在服務方式上，也進行了一些新的嘗試，推出了情侶包、晚點包、思鄉包、冷凍包等新的品種，把一個不起眼的小包子，很快做成了華人區的一個品牌，受到了消費者的歡迎。不久，陳華女士就把連鎖店開到了莫斯科，迅速擴大了產品的市場。

經濟危機，讓陳華女士發現了一個新的產品，找到了一個新的生財之道。危機過去，陳華女士也看清了這個產品廣闊的前景，她抓住了機會，沒有讓這個新產品曇花一現，而是精益求精，更上一層樓，讓這個新產品發展得更好。

產品是企業的命脈，一個企業要想在激烈的競爭中存活下來，主打的就是產品。產品能不能適應市場的需求，經濟危機恰好是個檢驗的機會。危機中能夠存活下來的產品，就像冬小麥一樣，不一定奢侈漂亮、時尚高檔，但一定是人們生產生活的必需品。危機過後，大量推廣這些生存下來的產品，便成為了企業的當務之急與生存之道。

【試說新語】

企業有了危機中生存下來的產品，就應該把這些產品做為主打產品，全力推廣和行銷，趁勢佔領市場，鞏固市場。

由於危機已經過去，經濟開始復甦，人們的消費心理也會隨之發生變化，會對品質要求更嚴格，服務要求更高。所以企業在大力推廣這些產品時，也要適應市場不斷發展變化的需求，對產品的品質和服務即時進行升級換代。萬萬不能抱著存活下來的產品就完美無缺的想法，僵化保守，不思進取，那樣的話，也會被市場所淘汰。

賢人指路

順應趨勢，花全部的時間研究市場的正確趨勢，如果保持一致，利潤就會滾滾而來！

——威廉．江恩

策略8

水葫蘆圈地

——哪裡有市場哪裡就有我

沒有嫌棄市場的產品，只有市場淘汰的產品。企業有了產品，就要為產品尋找市場，只有市場廣闊，產品才能有足夠的生存空間，企業才能有足夠的利潤可賺。經濟危機後，市場上出現了大量的空白區，這為很多企業的產品提供一個擴張市場的良機，這時候，企業就應該向水葫蘆學習，哪裡有市場，哪裡就應該出現產品的影子。

【植物精靈】

水葫蘆是一種水生植物，具有很強的侵略性，蔓延速度特別快，因此，它被許多國家視為災難性植物。

水葫蘆又叫鳳眼蓮，由於繁殖速度快，一個池塘沒多久就會被覆蓋，所以又被稱作水葫蘆地毯。一塊沼澤地，只要出現一株水葫蘆，如果不加控制，很快它就會越過溝溝坎坎，凡是有水或潮溼的地方，都會被其佔領，成為它鋪地毯的用武之地。

水葫蘆為什麼具有這麼大的生命力和擴張力呢？原來，水葫蘆的繁殖方式比較特殊，它可以無

性繁殖，葉芽長出的枝很快就形成新的植株。新的植株與原來的母株聯繫很脆弱，輕易就能斷裂，斷裂後的新植株漂流到新的地方，就會在那裡安家落戶，生兒育女，進行新的繁殖。一個平靜的水面，很快就鋪上了厚厚的水葫蘆地毯，遠遠望去，碧綠平坦，很是壯觀。

水葫蘆以獨特的繁殖能力，超強的適應性，迅速佔領了生存的領域。這一特性，應該引起企業的注意，任何產品都應該像水葫蘆一樣，哪裡有市場，就應該把觸鬚伸到哪裡。企業只有即時推出自己的產品，進行地毯式覆蓋，才能壓制住後來的跟進者，為自己企業的產品，贏得足夠的生存發展領域。

市場不會主動跑來找產品，而是要產品去尋找市場。企業消極等待，是等不來市場的，要積極主動去尋找市場、開拓市場，見縫插針，即時填補市場的空白，才能發展壯大。

【案例現場】

一家生產木梳的企業，為了開拓市場，招募了三個銷售員，為了檢驗三個銷售人員的業務能力，公司給每位銷售人員一個月的時間，要求他們把梳子賣給寺廟裡的和尚。這是一個非常狹小的市場，如果能在這裡打開銷路，不僅為公司產品找到了新的銷路，還能檢驗出三個銷售人員推銷產品的能力。

第一個銷售員，跑遍了附近大大小小的寺廟，磨破了嘴皮，跟無數的和尚講解示範用梳子的好處，和尚們只是開玩笑地用梳子在光頭上比劃幾下，就把梳子還給了他，沒有絲毫購買的意思。最後，恰巧有一個小和尚頭皮癢，經過努力，他終於說服了小和尚買了一把。

第二個推銷員，同樣跑遍了無數的寺廟，遊說了眾多的和尚，依舊無人問津，和尚還笑他癡呆。有一天，他坐在寺廟大殿的台階上發愁，突然看到一個來燒香的女客頭髮散亂，於是深受啟發。他找到住持說：「香客頭髮散亂來燒香，是對菩薩和佛祖的不敬，對待那樣的香客，應該讓她們先梳理好頭髮再燒香。」住持被他說動，買了兩把梳子。他沿著這個思路，又跑了幾家寺廟，終於賣出了十幾把梳子。

第三個銷售人員，跑了幾個寺廟，也同樣碰了壁。他一邊想著辦法，一邊深入寺廟生活，瞭解寺廟的需求。有一次，他和一個寺廟的住持閒聊，瞭解到寺廟的經濟並不怎麼寬裕，僅靠香客的香資和田產，常常會入不敷出，捉襟見肘。他經過觀察，又發現有一些還願的香客，會把許願時寄掛的信物，用香資請回去。於是，他想到了一個與寺廟共贏互惠的方法。他找到住持商量，由他提供篆刻各種吉祥文字，例如，福壽梳、發財梳、祛病梳等，分成不同的檔次，由寺廟的和尚在香客求籤許願之後，把梳子賣給香客，利潤雙方平分。這樣，既可以增加了寺廟的收入，又能讓香客大老遠跑來上香，能帶回去一個心願，留一個紀念，還能為寺廟揚名。住持聽了非常高興，一次就訂了兩百多把梳子，其他的寺廟見這種辦法不錯，也紛紛要求訂購。很快，這位銷售員就賣出了幾千把梳子，為這家企業的產品，找到了新的市場，開闢了新的財源。

這三個銷售員，分別為梳子這種產品，在寺廟裡開闢了三個市場：第一個銷售員的市場狹小，不可能有什麼利潤；第二個銷售員的市場容易飽和，也沒有太大前途；第三個銷售員找到的市場，潛

力巨大。它不僅是一個和寺廟共贏的市場，能夠調動寺廟的積極性，而且重要的一點是，滿足了香客不同層次的精神需求，既能為他們帶回自己心願，又能滿足日常生活的需要，就像買到了一個靈驗實用的吉祥物一樣。這種新的市場需求，被第三位銷售人員開發了出來，也為企業帶來了滾滾的財富。

【試說新語】

客戶的需求是多層次的，這也就註定產品的市場也是多層次的。企業開闢市場，就應該根據客戶的不同需求，用自己產品的不同用途去佔領市場，就像這家企業的梳子一樣，和尚不用來梳頭，但和尚可以給梳子賦予不同的涵義和使命，這就開闢一個新的市場。所以，企業開闢市場，要採取多種辦法，透過多種管道，把潛在的市場挖掘出來，誰捅破了這層窗戶紙，誰就會捷足先登，佔據有利的地位。就會像水葫蘆一樣，為市場鋪上地毯，讓其他的跟進者無孔可入，無法生存，進而保住自己的一片市場。

賢人指路

風險來自你不知道自己正在做什麼！

——巴菲特

策略9 蒲公英派出小傘兵

——空降也是開拓市場的捷徑

不同的市場，應該用不同的方法去開闢。有些市場，就在企業所處的區域；有些市場，可能在千里之外。不同的國家，不同的地域，消費者的需求會千差萬別，這也註定了市場各有千秋，各有所需。復甦中的企業，應該走出去，憑藉對自身產品的熟悉和敏感的市場嗅覺，即時發現新的市場，並快速地把自己的產品空降到新市場中，使自己的產品尋找到新的生存空間。在這一點上，企業不妨向蒲公英取經，它為企業開闢市場，提供了一條比較好的參考途徑。

【植物精靈】

蒲公英本來在草原上生活安穩，無憂無慮，不知道從什麼時候起，兔子喜歡上了蒲公英，經常來吃蒲公英的枝幹和葉子，害得蒲公英很難長大結果。蒲公英只好匍匐在地，直接長出花朵，養育自己的孩子。狐狸知道了這件事，就在蒲公英種子成熟時，採摘下來，做為誘餌來誘捕兔子。這樣，蒲公英的種子也無法保留下來。這可難為了蒲公英媽媽，第二年，她早早就開花了，並找來柳絮為自己的寶寶每人縫了一個潔白的小傘，還沒等狐狸來，就讓他們乘著微風，飛到各地去安家落戶，

開始新的生活了。

蒲公英屬於菊科多年生草本植物，每當初春時節，就會抽出細細的花莖，綻開金黃色花朵。花朵敗落後，種子會結成帶有白色冠毛的絨球，隨風搖曳，最後那些種子就像撐開了一把把小小的降落傘，四散開來，隨風飄到田間、草地、溝壑、山坡，落地生根，孕育新的生命。

蒲公英就是用這種方式，把自己的種子撒播到了各地，拓展著自己的生存空間。開闢市場，不妨就像蒲公英這樣，對那些陌生的市場，採取空投的策略，把產品迅速投放在新的市場中，紮下根後，再將產品當地化、本土化。

先求市場，後求利潤，這也是很多知名企業開拓國際市場經常採用的策略方法。但採用這種方法應該注意的問題是：

首先，要對市場進行詳細地調查瞭解，確定產品確實符合當地市場所需，嚴防水土不服，以免造成品牌損失和成本損失，並影響堵塞產品未來進入這個市場的路徑。

其次，要先期做好產品品牌宣傳，未見其人，先聞其聲，使產品還未進入市場，消費者已經瞭解品牌和產品的特色，培育起期望值和信任度。

最後，產品投放要全面充足，品質可靠，不能一上來就砸了牌子和買賣。

【案例現場】

有一家生產運動鞋的國際知名公司，將目光瞄準了東亞市場，尤其是中國大陸市場。對它而言，這是一個巨大的蛋糕，有著極強的誘惑力。但是，由於中國大陸早年實行的計畫經濟，造成市場封閉，很多人並不知道這個企業的品牌。針對這一現狀，他們沒有直接進入中國大陸市場，而是先對中國大陸的足球聯賽進行了贊助，使人們從觀看足球比賽，逐漸從足球場後的看板上，瞭解了這個品牌。

三年之後，這家企業又贊助了一次轟動一時的乒乓球世錦賽，使很多中國人熟悉了這個品牌。這個時候，公司認為時機已經成熟，分別在上海、北京、廣州、杭州、南京、武漢、瀋陽、成都、濟南等體育事業比較發達的城市，同時開設了專賣店，開展了各種行銷活動，很快就使產品旋風般地在中國大陸流行開來，進而帶動了該品牌在韓國和日本的銷售。東亞市場，成了這個品牌新的利潤增長點。他們隨之在東南亞採取同樣的模式，但銷售卻遭遇到了失敗。原來，有些東南亞國家，由於很多民族的宗教習慣與中國大陸不同，這個品牌的產品有與當地宗教的禁忌相衝突的地方，導致產品水土不服，鎩羽而歸。後來，企業發現了這個問題，雖然進行了改正，但已經難以改變人們對產品的看法了，無奈，最後只好放棄了東南亞市場。

這家企業，以空降取得了在中國大陸市場的成功，但由於缺乏對東南亞市場的深入瞭解，忽略了市場對產品細節的需求差異，進而失去了一個重大市場。所以，企業在採用空降方式開闢陌生市場的時候，一定要對市場有全面深入的瞭解，不能忽略市場眾多的細節需求差異。很多產品被拒之門外，並非因為產品品質和服務，而是一些看似無關緊要的小細節，與人們消費心理發生了衝突，造成了信任度的落差，進而被迫退出該市場。

經濟復甦後，雖然造成了大量的市場空白，但企業在進入佔領這些市場時，也不能盲目冒進。不妨請當地一些專業的諮詢公司，對市場進行一次全面的調查和評估，不但要摸清市場潛力，還應該弄清市場存在的風險，制訂出有效的防範機制，穩妥進入，步步為營。以免如上述公司進軍東南亞遭遇的滑鐵盧那樣，不僅勞而無功，還堵死了產品的未來之路。

【試說新語】

企業在開拓異地市場時，不妨像蒲公英一樣，採取空降方式。但採取這種方式，要注意以下幾點：

首先，對市場進行深入詳細的調查，為自己的產品進入市場定好位，定準市場範圍和消費群體。

其次，做好廣告行銷宣傳，先聲奪人，為產品樹立足夠的知名度和信譽度。

再次，產品空降要即時，並採取有影響力的方式落地，一下子吸引住消費者的注意力。

最後，要抓住當地消費者的心理和精神的需求，不能給消費者造成負面的影響。

只要做到這幾點，一般新產品到了一個新的市場，就能落地生根，開花結果，開闢出一個新的市場來。

賢人指路

你永遠不要犯同樣的錯誤，因為還有好多其他錯誤你完全可以嘗試！——柏妮絲．科恩

策略10

為葡萄剪枝是必要的

——放棄虧損的市場

盈利是企業永遠不變的法則，如果一個市場不能讓企業的產品盈利，甚至未來也不存在盈利的可能，那麼對待這樣虧損的市場，企業就應該壯士斷腕，大膽放棄。放棄的越果斷、越徹底，帶來的損失就越小，對企業的拖累也就越小，使企業能夠集中精力，專注那些有前途、盈利多的市場。就像果農們每年都要為葡萄剪枝一樣，放棄是為了更好的收穫。

【植物精靈】

相傳，在一座深山中有一條成了精的紫皮蛇，經常出來殘害生靈，百姓對牠既恨又怕。被這條蛇咬傷的人，就會手腳冰冷，血液凝固而死，治療的唯一辦法，就是食用牠吐出的珍珠才行。

有一位英雄知道了這個蛇犯下的罪惡，就趕來和牠進行了一場搏鬥。最後，英雄被蛇死死纏住，化做了一個木樁，而蛇也被英雄用法術變成了一根藤。英雄臨死前告訴鄉親們，每年到了秋天的時候，都要把藤的芽剪去，這樣就剪掉了蛇的腳爪，牠就永遠跑不掉了。鄉親們按照英雄的囑咐去做了，果然，蛇再也無法逃脫了，乖乖地為鄉親們貢獻珍珠。那一串串珍珠，就是葡萄。用葡萄釀成

的酒，能夠治療風溼麻痺等症，還有舒筋活血等功效，深得人們的喜愛。

為葡萄剪枝，是葡萄管理的重要手段，其目的是修剪掉多餘的枝條，以便讓養分能夠充分供應葡萄果實，使結出的葡萄顆粒飽滿，品質優異。企業經營也是如此，要即時「修剪」掉那些虧損的項目，使企業能夠集中經營那些利潤高、市場前景廣闊的優勢產品和專案。這個道理很多經營者都非常明白，但真正做起來，絕非是那麼容易的事情。很多企業發生的情況往往是，明明知道產品是虧損的，還心存幻想，認為是銷售方法、銷售時機、市場選擇對象錯誤等原因，才導致虧損。抱著這種認識，很多企業繼續加大投入，加大市場宣傳和產品行銷力度，試圖讓這些虧損的產品起死回生。結果，不僅沒有挽救虧損項目，還拖累企業盈利項目陷入資金困境，最後使整個企業市場崩潰。

曾經有人做過調查，一個企業中，高級主管們會把百分之七十的精力，投入到虧損的專案上，資金投資，也大部分用在了虧損專案上，而忽略了盈利專案和產品的維護和推動。最終影響了企業重點培育盈利產品的市場良機，導致全盤皆輸。

【案例現場】

有著四百多年歷史的瑞士鐘錶，曾經暢銷全球。上個世紀六〇年代，僅鐘錶業產值高達四十多億法郎，佔世界市場一半以上比例，瑞士也因此被譽為「鐘錶王國」。

可是，鐘錶王國的經營者卻犯了一個致命錯誤，他們滿足於瑞士錶的機械技術，拒絕儲備新技術。一九五四年，馬克斯發明了石英電子技術，並上報給領導層，結果竟遭到恥笑。石英電子技術被冷落擱置，無人問津。這時，日本鐘錶企業伺機而動，竊取了此技術，並於一九七四年大量傾銷全球。

石英手錶迅速竄紅，強力衝擊著傳統機械錶。到一九八二年，瑞士被迫屈居日本之後，世界市場佔有率僅有9%。銷量銳減，瑞士鐘錶業進入瑟瑟寒冬中，連續虧損倒閉，失業人員逐年增加，陷入全面危機之中。

後來，瑞士鐘錶企業被迫放棄傳統的普通機械錶的製造，而逐漸把人工機械錶打造成一種裝飾品和奢侈品，轉變了產品的職能，重新對產品進行了市場定位，開闢出了有別於簡單的報時功能的新功能，才使一些瑞士機械錶贏得了新的市場，獲得了新的生機。

如今的瑞士機械手錶，幾乎成了一種身分的象徵，而不是簡單的報時工具。

瑞士鐘錶的遭遇，很多企業都有可能會遇到。產品的更新換代與否，在很大程度上決定了產品的盈利與虧損。

造成產品虧損的原因很多，一般歸結起來，不外乎有以下幾種原因：

一，沒有深入瞭解市場，盲目開發，使產品與市場脫節，勞民傷財開發出新產品後，又不捨得丟棄，造成進退兩難的境地。

二，盲目跟風，追隨市場熱銷產品，等自己的產品研發後，市場已經飽和，只能虧損經營。

三，技術力量跟不上，無法對產品進行更新換代，使產品落後於市場發展需求，被市場逐步淘

汰。

四，企業行銷方式不當，行銷管道不暢，導致產品滯銷。另外，人們的宗教信仰、生活習俗，可能也會影響到產品的銷售。

出現了專案產品虧損的問題，企業就應該立即終止專案或產品的營運，重新對專案產品進行審查。調查清楚專案產品虧損的真實原因，對症下藥，對那些徹底喪失市場的落後產品或被市場驗證確實難以立足的產品，要堅決予以捨棄。對那些尚有市場前景，但收入難以抵消巨大的成本投入的，也應該堅決放棄。而對那些透過產品更新換代，或找到合適的行銷方式就能夠扭虧為盈的產品，要進行全面的整改，重新啟動，採用合適的行銷方式，重新贏得市場的青睞，煥發出產品的第二春。

【試說新語】

企業放棄虧損市場，是一件比較困難的事情，這時不妨採用「休克療法」，經由市場的自然選擇，會檢驗出產品是否具有潛力和生命力。如果已經被市場證明，虧損的專案產品早已是雞肋，那就要痛下決心，堅決捨棄。把企業有限的精力、物力、人才和技術，轉移到盈利專案產品的維護和助推上，集中優勢資源，發展盈利市場。

賢人指路

一次良好的撤退，應和一次偉大的勝利一樣受到獎賞。

——菲米尼

策略11 苔蘚階上綠

——不可忽視「小」項目

那些開發研製週期短、投資少、生產技術不複雜的專案，投資小、見效快，是其主要特點，但這類項目一般市場壽命也短，屬於「過把癮就死」的類型。經營這類小項目，大多數採用靈活機動的遊擊戰術，哪裡需要哪裡出現，市場消失了，就重新尋覓目標，就如同苔蘚一樣，給點潮溼就現身，曬乾了就另找地盤。一般可以做為公司經營的必要補充，特別是對於維持市場，彌補主打產品由於涵蓋不足造成的市場漏洞上，有不可忽視的作用。

【植物精靈】

一個勤勞的青年，每天都在深山裡打柴，然後挑到市集上去賣，很辛苦，也很快樂。每天打柴的時候，他都會唱著山歌，或用口哨吹著小曲。他的歌聲，打動了一隻小狐狸，小狐狸就跟著青年來到他的家裡。青年家很窮，除了三間茅草房，一無所有。每次他快回家的時候，小狐狸都會化成美女，為他做好飯。他穿破的衣服，小狐狸也為他縫補好，放在床頭。青年很納悶，某天，他假裝出門後，又折了回來，看見了小狐狸又變成美少女，就一把拉住了她。小狐狸變不回去了，於是兩個

人就相親相愛，過著簡樸又快樂的生活。

一個老道士聽說了這件事，很嫉妒，就作起法來，年輕人被老道用符咒迷倒，小狐狸也被捉住了。小狐狸捨不得離開心愛的人，就咬舌自盡了，鮮血滴落在院子中。青年醒來後，不見心愛的姑娘，就痛哭起來，眼淚落在了鮮血上，長出了一小片一小片的苔蘚。從此，每當青年思念心愛的姑娘，院子或角落裡，就會生出一片苔蘚來。

「小」項目就像狐狸美女化身的苔蘚一樣，因為其機動靈活，適應性強，而深受一些小企業的歡迎。不要小看這些小項目，對於一些創業之初，沒有什麼累積的小企業來說，非常合適。每抓住一個短暫的機會，就能小賺一筆，為日後發展打下基礎。

「小」項目，既有生產型的，又有服務型的；既有體力型的，又有技術型的。不管哪種類型，只要抓住機會，經營得好，都能為企業臨時帶來一筆不菲的收入，維持企業的生存，累積發展的資金。有些「小」項目，還能為企業引來長期的、相對穩定的項目，這樣的機會，對於小企業來說是難能可貴的，一定不能錯過。經濟復甦階段，這種類型的專案會非常多，如果你是一家剛剛創立的小企業，沒有什麼資金和技術，不妨多在這些小專案上下些工夫，先挖到創業第一桶金，等到有點累積，再圖發展不遲。

【案例現場】

有一家經營電腦配件的小公司，積壓了兩萬多個滑鼠墊，堆積在倉庫裡。老闆很煩惱，不知道怎樣才能把這些滑鼠墊處理掉，換回一些資金，好為員工發放工資。

一天，有家企業委託他的公司培訓幾名打字員，在培訓過程中，有一個學員說，要是有一張字根表放在滑鼠旁邊，就方便多了。這句不經意的話，提醒了老闆，他立即拿出了幾個滑鼠墊，讓員工畫上字根表，交給學員使用。學員一用，果然很方便，打字的速度提高了很多。

受到這個啟發，老闆立即把自己倉庫積壓的滑鼠墊，全部印上了字根表，然後去網咖、電腦培訓學校、企業電腦培訓中心等電腦使用大戶去推銷，很快就銷售出去一部分。一個電腦經銷商見到這個帶有字根表的滑鼠墊後，喜出望外，立即打電話和他聯繫，一次訂購了六千個。原來，這個電腦經銷商接了一筆訂購六千台電腦的訂單，對方要求，每台電腦附帶一張字根表，有了這個帶字根表的滑鼠墊，他就不用單獨購買字根表了。既節省了一筆開支，還令客戶感到滿意，一舉兩得。

很快，這家小公司積壓的兩萬多個滑鼠墊銷售一空，公司經營又重新走上了正軌。

這樣靈光一閃為企業帶來生機的事例還很多，這些小項目雖然技術性不高，經營也不長久，但能解決客戶的一時之需，填補了市場瞬息間出現的小空白。抓住這樣的機會，就能使企業在市場的夾縫中，覓得一席生存之地。

「小」項目，藏身各行各業之中，無時不有，無處不在。只要企業能深入市場，保持敏銳的觀察力，時刻捕捉瞬息萬變的資訊，並且善於捕捉機會，就能在市場的汪洋大海中，撈到這些看似微不足道的針。進而查漏補缺，填補市場的空白，獲得可觀的利潤。

【試說新語】

企業經營「小」項目，要注意以下幾個方面：

一，資訊靈敏：時刻關注市場的動態。

二，反應迅速：這樣的專案最講究速度，落後一步，機會就再也不會回來了。

三，能按時完成專案要求：這樣的專案一般都要求作業時間短，解決問題迅速。

四，保證品質，講求信譽：越是臨時業務，對信譽的要求越高，有了好的信譽，客戶才能放心把這些專案交給你。

把握住這幾點，就能在經濟復甦的眾多機遇面前，找到自己的生存法寶。並透過這些小項目的經營，為自己累積下生存發展的資本。

賢人指路

一般人總是等待著機會從天而降，而不想努力工作來創造這種機會。當一個人夢想著如何去賺取五萬鎊時，一百個人卻乾脆夢著五萬鎊就掉在他們眼前。

——米爾恩

向強者看齊

SONY十八條：創業有法寶

在競爭白熱化的商業社會，SONY的成功應該是個奇蹟，追尋SONY的腳步，人們會發現SONY的前進之路，嚴格遵循著它自己的創業思路，那就是「SONY十八條」。SONY依賴這十八條創業思路，在殘酷的市場拼殺中，衝出了一條通往輝煌的未來之路。

「SONY十八條」對在經濟復甦中苦苦摸索的企業，會有很好的啟發。

第一條，SONY不是製造顧客想要的產品，而是製造對顧客有用的產品。

第二條，SONY不是根據顧客的眼光而是根據自己的眼光製造產品。

第三條，SONY的產品，不根據可能性來決定大小和費用標準，而是根據必要性和必然性來決定這一切。

第四條，市場可能已經成熟，但是產品永遠沒有成熟一說。

第五條，沒有成功的原因，完全能夠成為成功的證據，最重要的是找到失敗的原因，並設法加以解決。

第六條，不要想盡辦法降低優質產品的價格，而應該儘快製造出更優質的產品。

第七條，產品的弱點一經克服，就會產生新的市場；如果進一步發揚產品的優點，現有的市場就會進一步得到擴大。

第八條，開動腦筋，積極創新，就可以使產品得到新的附加價值。

第九條，成本和費用降低，不要超出計畫的範圍。

第十條，如果是因為動手遲而導致失敗，那就很難再東山再起。

第十一條，不暢銷的產品有兩個原因，不是價格昂貴，就是產品品質差。

第十二條，新的種子（產品）必須播種在能夠使種子成長的土地上。

第十三條，如果你開始注意其他公司的動向，就是經營失敗的開始。

第十四條，可能和困難，自然都屬於可能的範圍之內。

第十五條，不能魯莽行事，但多少要有一些蠻幹的精神，如果能堅持下去，思想和行動就會發生變化。

第十六條，所有新的技術都必將被更新的技術所取代。

第十七條，市場永遠不可能被調查出來，而是創造出來的。

第十八條，用行動證明自己，而不是其他。

如果企業的經營者能夠做到這十八條，也許就會成為下一個SONY。

第三章

有些花草會淘寶——即時推出核心產品

策略12

學會給蘋果樹疏花

——精心培育優質產品

產品是企業生存的根本，危機過後，市場必將迎來一次大洗牌，而產品將成為企業能否在新的市場上站得住腳的核心和關鍵。產品就是企業的核心競爭力，離開了產品，企業的行銷力、執行力等都將成為一句空話。精心培育優質產品，是經濟復甦後企業重返市場的首要任務，也是核心任務。

每年春天，蘋果樹鮮花盛開時候，人們都會看到果農們在忙碌地為蘋果疏花，目的就是確保蘋果的品質優良。企業對待產品的培育也應該如此，只有大力提高產品的品質，才能確保產品的生存能力。

【植物精靈】

沒有誰知道他姓什名誰，也不知道他年齡幾何，來自何方。他是一個白鬍子老者，住在深山的一條小溪邊的茅草房中。房屋前長著一棵巨大的蘋果樹，老者每日看護著這個蘋果樹，為樹澆水、施肥、剪枝、捉蟲，精心地護理，一天也不閒著。這棵蘋果樹，就是他的一切，他的生命。

這棵蘋果樹，每年只結一百零八顆蘋果，不多不少，每顆都又大又圓，像紅寶石一樣閃閃發光。

每當蘋果樹開花，他就會踩著一架竹梯，把多餘的花朵都摘掉，一百零八根枝條上，每根留下一顆蘋果，每一顆蘋果，最後都長得一模一樣，芬芳誘人。傳說這位老者是太上老君看丹爐的一個童子，因為打瞌睡誤了老君煉丹，被貶下凡塵來看護這棵蘋果樹。後來，白鬍子老者不知所蹤，那棵巨大的蘋果樹，化成了一座山峰，就是後來的花果山。

給蘋果疏花的技術，是保證蘋果品質的重要方法，值得企業在培育自己的優質產品時參考借鑑。企業產品的品質，是產品的核心要素，這一要素決定了產品的生命力。

那麼，產品的品質是由什麼決定的呢？

產品的品質，最重要的一點就是能夠體現消費者的價值觀，滿足消費者的價值需求。它的一切品質，都是由消費者的需求層次所決定。由此看來，培育優質產品的目的，就是從更多的層面和內在特性上，更好地滿足消費者的價值需求。

為滿足產品的這一特性，企業在培育自己的產品時，就應該把注意力集中在消費者對產品的潛在價值期待上，剔除產品的旁生價值，使產品更容易從內在品質上打動消費者深層次的價值需求，激發消費者潛在的消費慾望。

【案例現場】

在愛爾蘭，有一個農場主人養了一匹好馬，這匹好馬除了參加民間賽馬會能取得有優異成績外，還有一個絕活，就是能夠自己打開大門回到馬廄。有一個英格蘭紳士看中了這匹馬，就花大錢買下了牠。這個紳士平時捨不得騎一騎，只是有重大活動的時候，才將愛馬牽出來亮亮相。

在一次傳統的愛爾蘭民間賽馬會上，紳士突然發現自己心愛的馬不見了。他非常著急，找到馬原來的主人，向他打聽馬的下落。原來的主人也沒有見到馬，但他很快就想到了馬的下落，於是對紳士說，給一千英鎊，我幫你找回馬。紳士答應了這個條件，他就把紳士領到自己的家，果然看見那匹馬正在馬廄中站著。紳士認為那人訛詐他，就把馬原來的主人告上了法庭，法庭聽了雙方的陳述，決定進行一次試驗：把馬牽到了法庭上，然後放開，如果馬自己能回到原來主人家的馬廄中，紳士照付一千英鎊；反之，馬原來的主人向紳士賠一千英鎊。結果，馬真的自己回到了馬廄，紳士心甘情願地付了一千英鎊。

紳士很高興，他認為自己發現了一個新的賺錢專案，於是故意讓這匹馬失蹤，然後與人賭這匹馬的藏身之地，連續賭贏了幾次，人們就發現這個規律。有一個人買下了馬原來主人的農場，拆掉了馬廄，馬回來後找不到馬廄，就一直在外面徘徊。買農場的那個人很生氣，試圖要將這匹馬趕走，結果，馬被激怒了，連踢帶咬把那個人弄得遍體鱗傷。紳士被告上了法庭，他只好賠了那個人一大筆錢，並且把馬低價賣掉了。

故事中的馬原來的主人賺得了一大筆錢，而紳士卻賠了一筆錢，原因在於紳士錯估了馬的用途和價值，最後才導致賠本輸官司。任何產品都有它市場使用價值的侷限性，只有充分發揮產品的主導價值，才能滿足消費者的需求，為企業創造應有的利潤。衡量一個產品的優劣，有兩個標準，一是能否滿足消費者的實用需求，二是能否滿足消費者的精神需求。這兩者緊密結合，才能充分體現產

品的價值，才會受到消費者的青睞。離開其中任何一點，產品都會成為次級品，而被市場淘汰。

【試說新語】

一個優質的產品，本身就具有靜銷力、管道力、價格力和品牌力。打造一個優質的產品，必須在產品的品質上下足工夫，張揚凸顯產品的長處優點，彌補產品的缺點和短處。產品的個性越突出，就越能發揮出自身的靜銷力，進而打通銷售管道，賣個好的價錢，最終培育成品牌產品。反之，產品的功能看似很多，但不能滿足消費者的核心需求，引不起消費者對產品的價值共鳴，那麼這個產品遲早會被市場拋棄。

賢人指路

顧客真正購買的不是商品，而是解決問題的辦法。

——特德·萊維特

策略13
桫欏懷胎
——善於挖掘產品自身的潛力

世界上的蕨類大多是草本植物，唯獨桫欏屬於木本植物。桫欏又叫飛天擒羅，是侏羅紀與恐龍時代流傳下來的一種孑遺植物，被稱為植物活化石。桫欏樹高可達八公尺，是現今僅存的木本蕨類植物，極其稀少珍貴，世界上被列為重點保護植物。桫欏外觀像椰子樹，樹幹挺拔直立，樹冠叢生，大量大而長的羽狀複葉，向四面八方伸展飄垂，葉子下面生有許多星星點點的孢子囊群。桫欏不開花，也無法結果，就是靠這些孢子繁衍後代，這些孢子囊群就是桫欏的胎兒，所以人們都戲稱桫欏這種現象為桫欏懷胎。

【植物精靈】

桫欏的孢子和一般植物的種子不同，它落在合適的土壤裡並不會直接生根發芽，而是先長出一個片狀的原葉體。原葉體上面生長著頸卵器和精子器，當精子器成熟後，裡面的精子在水中游動，游到頸卵器裡，和裡面的卵子結合，形成合子，這樣才能發育成一棵新的桫欏。桫欏懷胎是個非常有趣的現象，孢子囊群脫離了母樹，落在水中才能重新孕育出新的生命。桫欏也是一種名貴中藥材，

民間常用桫欏煲湯，因其珍貴而一般人難飽口福。

企業開發出一種產品，可能只是針對產品某一方面的功能和價值，其自身的潛在價值有時並不能為企業所發現。應該像桫欏懷胎一樣，讓產品衍生出很多新的功能，進而開發出新的市場，找到新的利潤空間。這也是企業培育產品生命力的重要手段和管道。產品的潛力挖掘越充分，產品的靜銷力就會越強，就越能打動吸引消費者。企業只有更加注重消費需求，注重產品的技術含量和人文關懷訴求，深層次上滿足消費者的需要，才能使產品深入人心，成長為一個生命長青的品牌。

產品自身的潛力包含很多方面：

首先，它的使用價值是否有提升的空間。例如桫欏，除了煲湯以外，還可以用孢子入藥治療一些疾病等等。

其次，人文價值是否被挖掘了出來。同樣是桫欏，是否可以做為觀賞植物來栽培，用以滿足人們的精神需求。

再次，透過改變產品的外形和包裝，擴展產品的適用範圍，為消費者帶來消費便利和消費節約。

最後，看產品的衍生性，是否開發出與產品的功能互為補充的新產品。

經濟復甦後，消費者對產品的需求肯定會發生一些新的變化，這些變化要求企業必須對自身產品進行挖掘調整，以便更適應消費者的需求。

【案例現場】

在美國龍舌蘭酒頂級市場上，唐娜女士向市場霸主Patrón公司發出挑戰，要從Patrón公司的市場比例中分得一杯羹。這看起來就像一個笑話，因為在美國，Patrón公司就是龍舌蘭酒的代名詞，是龍舌蘭酒頂級市場的開拓者，經營歷史已經高達幾十年，整個龍舌蘭酒頂級市場沒有不在它的控制範圍內的，幾乎無人能撼動其霸主的地位。可是大膽的唐娜女士卻不信這個邪，她全面向Patrón公司發起了挑戰，與Patrón公司展開了激烈的競爭。她首先和丈夫一起創辦了VoodooTiki龍舌蘭酒公司，Tiki就是波利尼西亞神話裡的人類創始人，是人類的鼻祖，用神話人物做為公司的名字，顯示出了唐娜要開闢一片龍舌蘭酒新天地的野心。

唐娜與Patrón公司競爭的法寶並不稀奇，她只是改變了一下酒的包裝，也就是新瓶裝舊酒。她使用的酒瓶完全是人工吹製，並在每個酒瓶上都印有唯一的編號，同時，在酒瓶內放置了一個透明的玻璃吹製的Tiki神像。完成了對產品的外包裝改進，也就為傳統的龍舌蘭酒注入了自己的文化元素，她確信，這是她與Patrón公司產品的本質區別，是與Patrón公司搶奪市場的唯一利器。

唐娜還有另一高招，就是絕不去開拓新的市場，她只是跟在Patrón公司的屁股後，把開拓市場、培育市場的麻煩工作都交給Patrón公司去做，自己坐享其成。她曾明確地表明自己的這個態度，認為這樣做成本要低得多，所以利潤也會比Patrón公司高很多。

果然，她的產品自從二〇〇六年投入市場以後，第二年銷售額就達到了一百二十萬美元，產品銷往美國二十三個州，並進入了六個海外國家的市場，一舉使自己的產品在市場上站穩了腳跟。

唐娜只是用Patrón公司的龍舌蘭產品變了一個戲法，就分走了Patrón公司一部分市場和豐厚的利潤，坐享其成，吃了個「巧食」。這是企業挖掘產品自身潛力的典型成功案例。經濟復甦後，企業必將面臨很多難題，如何使產品更能符合消費者新的需求，是企業挖掘產品潛力的推動力。每一個產品，都會隨著市場的成長而成長，企業要讓那些僵化的產品適時蛻皮，不能墨守成規，故步自封，抱著以不變應萬變的心態，來束縛自己的產品成長的腳步。那樣的話，早晚會使自己的產品跟不上消費者需求的腳步而被淘汰。

一個產品其實就是一個變形金剛，稍微變換一下姿勢，加進一些新鮮的元素，可能就會帶來一個新的市場，帶來新的利潤空間。

【試說新語】

企業挖掘自身產品的潛力，是迅速贏得市場的一條捷徑。挖掘產品的潛力，可以從以下幾個方面入手：

第一，產品的實用功能拓展，賦予產品新的功能。

第二，開發產品的伴生品，對產品的缺陷進行彌補和補充。

第三，改變產品的外形和包裝，使之更能貼近消費者的消費需求。

第四，為產品注入新的文化元素，增加產品的人文價值，滿足消費者的精神需求，多層次開發產品的潛在價值。

賢人指路

事業有成，且別以為是「命運」之神為你帶來的。「命運」之神本身沒有這個力量，而是被「辨別」之神支配的。

——約翰・多來登

策略14 窩地瓜下蛋

——改良產品，升級換代

企業經歷經濟危機後，一般會面臨自身產品老化，難以適應市場需求變化的難題。經濟復甦後，就需要對產品進行改良，將產品的某一功能或特徵加以突出，以便吸引更多的新客戶，更好地維持原有客戶，這種辦法又稱作產品再推出。在這方面，一些植物自身的進化，也給大家很好的啟示。

【植物精靈】

古時候，每棵地瓜秧只結一顆地瓜，後來發生的一件事，使每棵地瓜秧結的地瓜突然多了起來。事情的經過是這樣的：一個大財主養了一隻蘆花雞，他貪婪又吝嗇，每天都要抽打蘆花雞，逼牠多下蛋。有一天，蘆花雞再也無法忍受財主的欺壓而逃了，財主派家丁到處追趕蘆花雞。蘆花雞被追趕得筋疲力盡，就藏在了地瓜秧下。財主找不到蘆花雞，只好回家了。

後來，財主得知蘆花雞就藏在瓜地裡，於是前來尋找。他翻遍了地瓜地，眼看就要找到蘆花雞的藏身之地了，地瓜仙子靈機一動，把蘆花雞變成了一棵地瓜秧，把牠身下的蛋都變成地瓜。為了掩護蘆花雞，地瓜仙子讓每棵地瓜秧都結了四、五個地瓜，與蘆花雞變成的地瓜沒什麼區別。財主一連挖了很多棵地瓜，最後實在辨別不出哪棵是蘆花雞變的，只好失望地離開了。而窮苦百姓們來收地瓜的時候，才發現了地瓜的變化，他們非常感謝蘆花雞和地瓜仙子，就把一次結這麼多的地瓜稱為「窩地瓜下蛋」。

這是一次地瓜的自我改良，這樣的改良大大地提高了地瓜的產量。而對於企業的產品來說，任何層次上的改良，都是一次產品再推出。它一般包括以下幾個層次的調整：

一，改良品質，包括產品的可靠性、耐久性、安全性等，例如把普通洗衣機改成漂洗、脫水等多功能洗衣機；改變產品的檔次，增加消費群體，可將豪華產品改為普通產品，降低產品檔次，也可以將普通產品昇華為高檔產品，使產品能滿足不同層次的消費需求，以此來擴大產品市場，延長產品的成熟期和衰退期。這辦法主要是透過改變產品的原材料來實現。

二，改良產品的特性，為產品增加一些新的特性，例如大小、重量、附加物等，增加產品的適用性，使消費者更方便地使用。

三、改良產品的樣式，包括款式、外觀、形態的改變，形成新的花色品種，刺激消費者的需求，滿足消費者對新產品的喜好心理。

四，改良產品的附加價值，包括服務、優惠、諮詢、品質保證、消費指導等附加內涵，以此改變消費者對產品的認知，贏得消費者新的認可。

【案例現場】

石川先生是伊倉產業公司的社長，他從事中藥經營銷售多年，有著很豐富的中藥銷售經驗。上個世紀七〇年代，人們普遍信奉西醫西藥，中醫在日本備受冷落，中藥幾乎沒有市場。石川先生經營中藥的中藥店，經營情況與其他的中藥店一樣，情況非常糟糕，面臨著破產倒閉的局面。

石川先生認定中醫中藥是非常好的一種治病方式，他覺得很多人對中醫中藥有誤解，只要能改變人們的認識，中醫中藥還是很有前途的。他下定決心，要尋找到改變這一狀況的良方。有一次在茶館中喝茶，苦苦思索的他突然受到了茶館的啟發，想到把中藥和茶館結合起來，把古老的傳統和現代生活方式融合在一起，以此來促進人們對中藥認識的改變，促進中藥的銷售。

一九七〇年九月，石川先生創辦第一家中藥茶館，在東京比較繁華的中央區開張營業。為一改過去中藥店的陰鬱氛圍，石川按照茶館的樣式風格對中藥茶館進行了裝飾，安裝了現代化的空調、燈光、音響等設備。雪白的牆壁，綠色的地面和桌椅，氣派豪華，格調高雅，透明或橙黃色的各色中藥飲料放置在考究的壁櫃裡。這些中藥飲料經過產品改良，無論藥酒還是果汁，中藥的味道都已大大地被減輕、沖淡，很適合現代人的口味。進入店裡，濃郁的現代都市生活氣氛與古老的中藥神祕氣息，完美地融合在了一起。

這獨具特色的經營方式，一經推出，立刻引起了新的消費高潮，大量的年輕顧客湧進門來，座無虛席。人們在輕鬆美妙的流行音樂聲中，悠閒地品味著口味獨特、強身健體的中藥飲品，享受著一種新的生活體驗。

就這樣。伊倉茶館成了東京休閒的一大熱門景點，過去沒人喜歡吃的中藥，一下子成了人們強身健體的珍品。伊倉公司的中藥買賣，也從此熱銷了起來。

石川先生對中藥產品的改良很成功，為中藥在日本的銷售，找到了一個新的突破口。無人問津的中藥，搖身一變成了公司的搖錢樹，這就是產品改良帶來的好處。

【試說新語】

企業在產品改良即產品再推出時，應該把重點放在產品對市場的適應力上，無論是進行品質改良，還是特性改良，目的都是為了激發消費者的消費慾望和消費需求。所以，把握住消費者的需求傾向，是進行產品改良的前提。為此，企業不妨在對產品進行全面改良前，進行新產品試用試驗，如果方向正確，再全面推出改良後產品，這樣可以避免市場對改良產品的不適應而造成不必要的損失。

賢人指路

良機對於懶惰沒有用，但勤勞可以使最平常的機遇變良機。

——馬丁·路德

策略15
老鴰等不到椹子黑
——是不是好產品市場說了算

【植物精靈】

烏鴉是食肉的鳥類，有一天早上，牠好不容易找了塊肉，正蹲在樹枝上準備當早餐享用。這時，一隻狐狸從樹下路過，看到烏鴉叼著肉非常眼饞，便一個勁地拍烏鴉的馬屁。牠讚美烏鴉歌唱得好聽，希望烏鴉再唱一首，讓森林中的百獸欣賞一下。烏鴉一高興，忘了嘴裡叼著肉，開口就唱，結果肉掉在了地上，被狐狸撿起來叼跑了。

烏鴉發現上了當，就展開翅膀追趕狐狸，可是狐狸藏在桑樹下，三兩口就把肉吞吃了。烏鴉逮住狐狸又抓又啄，狐狸抵擋不住，就騙烏鴉說，那肉牠不敢吃，晾在桑樹上等烏鴉來啄食。烏鴉向桑樹葉間一看，果然有很多紅紅紫紫的「肉丁」，便信以為真，急忙放開了狐狸，去桑樹上啄食。

當然，這次烏鴉又被狐狸騙了，牠吃的是成熟的桑椹。此後，每到桑椹快要熟了的時候，烏鴉都會趕來搶食，還沒等桑椹熟透變黑，已經被牠們啄食光了。所以，民間就有個說法，叫老鴰等不到椹子黑。

烏鴉之所以會搶食桑椹而忘記了肉味，是因為桑椹味道鮮美，比肉還好吃。企業的產品也是如此，是不是好產品，市場和客戶說了算。一個好的產品，最起碼的要素是能滿足消費者的實用需求，例如一雙鞋子，首先它得合腳，其次是耐用，不能穿一天就露出腳趾。同時還要能滿足消費者的心理和精神需求，同樣是鞋子，有的要求漂亮時髦，有的要求新穎別緻，有的要求運動健美，有的可能要求專業適用。不同的消費群體，對同一產品也有不同的判斷標準，在一個群體裡是好產品，放在另一個群體裡可能就是無人問津的次級品，這就要求產品必須選準自己的消費對象。否則一旦出現錯位，就會前功盡棄，埋沒掉產品的品質和前途。

鑑別產品的好壞，需要企業時刻把握市場的變化，時刻調整自己的產品。一個好的產品，可能會隨著市場的變化而變成一堆垃圾。這樣的事例屢見不鮮，必須引起企業家們足夠的重視。

【案例現場】

「親愛的媽媽，別把我的柯達彩色膠捲拿走。」這是美國著名歌手保羅．西蒙在上世紀七〇年代一首歌中的歌詞。幾乎每個人都有關於柯達膠捲的記憶，那是一個曾經如此輝煌的產品，給世界上眾多的人帶來了無數美好的瞬間和回憶。可是到了二〇〇九年六月，擁有七十四年輝煌歷史的柯達膠捲，被迫宣布全面下線停產。這家世界影像巨頭的未來發展之路，從膠片業徹底轉向了商業圖文印刷等領域，人們再也用不上曾經紅極一時的柯達膠捲了。

根據柯達公布的年第三季度財報，數位成像業務虧損八千九百萬美元，而上一年同期還盈利二千四百萬美元；其他業務也好不到哪裡去，利潤全面下滑，除了經濟危機因素影響外，更重要的是柯達對自身經營的產品定位出了問題。翻看柯達的年度財報，很容易就能看出，近十年來逐步萎縮的傳統膠片業務，竟然一直是柯達公司利潤的主要來源管道。這一現象說明，柯達過於迷戀自己過去在傳統膠捲領域的霸主壟斷地位了，對快速崛起的數位成像技術缺乏足夠的認識，以致於對公司經營的產品進行徹底轉型，顯得猶豫不決，直到被逼進死胡同。

而反觀柯達的競爭對手富士和佳能等企業，就會讓人清楚地知道柯達的錯誤是多麼嚴重。柯達是第一個敏銳地覺察到數位技術對傳統影像行業會造成巨大衝擊的企業，它很快獲得了最早的CCD數位技術，發明了世界上第一款數位相機。但是卻遲遲沒有把數位相機做為發展重點，而是抱殘守缺，死抱著傳統膠片業務不放。這讓同樣面臨著數位技術衝擊的傳統相機生產企業佳能後來居上，研發出Cmos技術，繞過了柯達的技術壁壘，而成為了行業規則的制訂者，一躍變身為全球最大的數位相機生產企業。佳能毅然決然的轉型，與柯達的被動等待形成了鮮明的對比，也帶來了兩種不同的命運。

一個曾經口碑非常好的產品，為何會淪為市場的棄兒呢？並不是因為產品的品質出了問題，而是市場需求發生了變化淘汰了產品。所以，一個好的產品，不僅是品質要上乘，最重要的還是能滿足市場的需求。柯達膠捲品質再好，可是人們都使用數位相機了，根本不需要它，遭到淘汰理所當然。緊緊跟隨著市場的需求而不停地調整自己、改善自己，一個好的產品才會有耐久的生命力。

【試說新語】

好產品是市場最需要的產品，明白這一點，企業在經營自己的產品時，就要時刻捕捉市場瞬息萬變的需求，努力改善自己的產品，使之時刻能滿足市場和消費者的需求。並對產品的未來走勢，提前做好預判，對生命力即將消失的產品，及早進行更新換代，不要被老產品拖住後腿，而貽誤發展的良機，進而導致企業經營失敗。柯達就是一面鏡子，這樣的教訓不能不汲取。

賢人指路

一個人既有成算，若不迅速進行，必至後悔莫及。

——但丁

策略16 馬齒莧曬太陽

——保持好熱門產品的熱度

【植物精靈】

馬齒莧又名曬不死，它為什麼會曬不死呢？相傳盤古開天闢地後，天上有九個太陽，大地上的萬物當然受不了，所以英雄后羿彎弓搭箭，一連射下了天上的八個太陽。他正準備射第九個太陽時，卻發現太陽不見了，后羿以為已經射下來了，就扔了弓箭回家去了。第二天，天上只剩了一個太陽，而且東升西落，再也不漫天亂跑了，大地萬物又恢復了生機。

原來，第九個太陽看到后羿射日，嚇得渾身發抖，就藏在了馬齒莧下面躲過了一劫。為了感謝救命之恩，太陽就許諾救它的馬齒莧將不會被曬死。從這之後，馬齒莧即便被拔下來，扔在地上曝曬幾天，只要下場雨，被曬得萎蔫的莖葉就會生根發芽活了過來。

如果企業的產品像馬齒莧那樣，具有強大的生命力，無論市場環境發生什麼變化都曬不死，那無疑將是一個熱門產品。這樣的產品不僅在經濟危機中能夠堅強地生存下來，而且在經濟復甦中，必然能捷足先登，很快成為市場新寵兒。如何像馬齒莧那樣，始終保持產品的熱度，其實就是考驗企業產品的生命力。

一個產品的熱銷，首先取決於產品自身的內在品質，就像馬齒莧，即便被拔下來，只要莖葉沾到土壤，再給點雨水，同樣會復活。好產品一般都有四個優秀的品質：有足夠的吸引力，就有了靜銷力，例如寶石、人參等。有了靜銷力，自然就有管道力和價格力。對熱門產品而言，即便企業不出家門，也會有人找上門來，出高價求購，因此產品就會形成品牌力。

【案例現場】

在這個製造能力越來越強大的時代，市場並不缺少產品，如何保持產品的熱度，杜絕產品過剩，中國SONY副總裁高靜雄先生曾經這樣說過：「對於一個科技消費品來說，沒有什麼比打造一、兩款熱門產品更能給企業帶來利潤的了。」

目前，電視行業已是成熟行業，市場趨於飽和，競爭日益激烈，在此環境下，SONY公司遵循打造熱門產品的策略，始終保持強大的競爭力。最近一年來，SONY電視推出數款出色的熱門產品，尤其是家電領域，連續推出領先於同行業的液晶電視產品，並不斷地開發出新的產品，增加新的功能。與方興未艾的電子高科技技術，緊密結合一起，使其畫面更清晰，樣式更多樣，重量更輕便，形式更靈活。尤其是超薄壁掛式電視的推出，使用更加方便，更能適應各種複雜的環境，加上品質的完美，無論在喧囂的車站碼頭，還是幽靜的賓館旅店，甚至超市商場，幾乎都能看到SONY液晶電視的身影。

眾多優異的品質，使得SONY電視產品在全球市場上銷售極佳，取得傲人戰績，進而贏得全球液晶電視市場比例第一的冠軍寶座。

說到底，一個企業的產品能夠度過經濟嚴冬，又在經濟復甦後的熱潮中不畏競爭，繼續保持其強大的熱銷力，最根本的在於產品力。產品力就是競爭力，不僅體現出品牌的功能價值，還體現出企業的文化價值，會直接決定和影響著企業的利潤，決定企業的生死。可口可樂在人們心目中，不只是一種碳酸飲料，更是美國文化的象徵。這樣的產品就是一款熱門產品，不管外界刮起怎樣的寒風，或者是怎樣的酷暑難耐，都不會輕易降低、消弱、分化它在消費者心中的熱度。

熱門產品之熱，一定是大賣熱賣且長賣，也就是暢銷長銷高價銷。這樣的熱門產品注入市場，如同馬齒莧曬不死一樣，會讓酷暑裡的市場不再那麼炎熱蒸烤。一家企業，熱門產品越強，則品牌力就越強；熱門產品越多，則品牌力就越大。

現在，效仿馬齒莧在酷暑中擁有熱門產品的企業越來越多，這些企業和品牌認識到打造強大產品力的根本就是打熱門產品。並讓這種熱度不斷地延續和持續，進而在復甦興旺的市場上保留著自己的一席之地，而不被激烈的競爭對手擊垮。

事實也在證明，擁有熱門產品的企業比同行業其他的企業有著更廣闊和穩定的市場，他們更容易在各種環境的考驗中取得屬於自己的地盤。這也是目前眾多企業呼喚熱門產品、強調熱門產品的關鍵所在。

【試說新語】

熱門產品是企業賴以生存的法寶，企業要維持熱門產品的熱力，必須加強對產品的品質維護、市場維護和品牌維護。

首先，必須時刻保證產品的品質，這種品質是建立在最大限度滿足市場和消費者的需求基礎上。

其次，做好產品的市場維護，多管道、多角度鞏固產品在市場的地位。例如辦一些回饋消費者和社會的活動，使產品市場的邊際效應不斷擴大，防止跟進者、競爭者入侵。

再次，維護好產品的品牌形象，不能讓品牌受污，出現瑕疵和裂縫，損傷品牌的生命力。

賢人指路

只有當潮水退去，才知道誰在裸泳。

——巴菲特

策略17

高原精靈數紅柳

——打造核心競爭力

企業核心競爭力是企業生存發展的關鍵，沒有核心競爭力，企業就無法在經濟復甦的激烈競爭中脫穎而出，謀求大規模的發展。企業的核心競爭力，不單純等同於企業的競爭優勢，而是企業生存發展的動力源，其核心就是企業的核心產品和技術。自然界中，每一種植物都有各自的核心競爭力。

【植物精靈】

生長在塔克拉瑪干沙漠的紅柳，應該是植物界的一個奇蹟。紅柳根系非常發達，一棵紅柳的根系能深入地下幾十公尺，覆蓋周圍數十公尺的範圍，能固定住大量的沙土。紅柳抗拒著沙漠的進一步侵襲，是沙漠綠洲的最後一道屏障。

相傳，古代的塔克拉瑪干是一個優美富饒的地方，有一對新婚夫婦生活在那裡。有一天，惡魔趁新郎不在家，強搶新娘做自己押寨夫人。新娘不從，惡魔就施魔法，搬來鋪天蓋地的黃沙，要埋掉這對夫婦的家園，讓他們走投無路。新娘子為了保護家園，於是化身一棵巨大的紅柳樹，用身體遮蓋住僅存的一小塊草地。惡魔惱怒了，便把新娘固定在大地上，使之再也無法恢復原來的模樣。新郎去找惡魔報仇，被惡魔活活殺死，臨死前他緊緊地抱著妻子，鮮血把整棵大樹都染紅了。就這樣，他們夫婦用身體護住了一小片草地，為人們留下了生存的希望。後來，紅柳就在綠洲的邊緣紮根生長，抗拒著沙漠對草地的吞噬。

發達的根系是紅柳的核心競爭力，使它能夠吸收水分，來維持生存。它擋住了沙漠，其實就是保護了僅有的一點水源，保護了自己的生命。企業擁有了自己的核心競爭力，就如同紅柳擁有了發達的根系一樣，不僅能牢牢地佔據市場，還能為市場的拓展發揮出巨大的輻射力，促進企業的持續發展。

打造企業的核心競爭力，不單是要擁有核心產品和核心技術，還要有能夠使產品和技術轉化為滿足市場所需的強大執行力。執行力的強弱，直接決定了產品和技術最後能夠爆發出來的能量有多少。所以，企業要想透過產品和技術贏得市場，就必須加強自己執行力的建設。有了強大的執行力，企業的核心競爭力才能落實到位，真正體現出威力。

【案例現場】

百事可樂是可口可樂的跟進者，它要想在可口可樂獨霸的碳酸飲料市場上分得一杯羹，搶奪一塊地盤，必須要拿出自己的核心競爭力，否則只會碰得頭破血流。

經過周密的籌畫，百事可樂認為向可口可樂發動猛攻的時機已經成熟，於是在一九七二年辦了

一次大規模的飲料比對活動。他們在公共場所，請行人免費試飲兩種飲料，飲用者認為哪種飲料好喝，舉辦方就贈送給他們一瓶那種飲料。這兩種飲料最後被公布為可口可樂和百事可樂，最後實驗結果顯示，近百分之七十的試驗者獲贈的飲料是百事可樂。這說明，百事可樂以3：2的優勢壓倒了可口可樂，在兩種飲料第一印象比拼中，百事可樂佔了上風。

百事可樂乘勝追擊，把這次比對試驗的場面在電視上反覆播放，在直率的美國人眼中產生了顛覆性的攻擊效果，讓一些本來飲用可口可樂的老客戶紛紛放棄可口可樂而改飲百事可樂。大批的經銷商也開始倒戈易幟，投靠在百事可樂的門下，開始經銷百事可樂。百事可樂一戰成名，銷量直線上升，逐漸佔據市場的半壁江山，與可口可樂分庭抗禮。

有人認為這是一場陰謀，一場炒作，但無論如何，百事可樂達到了自己的預期目的，那就是瓜分可口可樂的市場。那麼，百事可樂靠什麼法寶贏得這場比拼的勝利呢？原來百事可樂只是比可口可樂高出了百分之九的含糖量。這一細小的變化，使百事可樂的口感更好，更能博得消費者的好感。

百事可樂依靠自己的核心競爭力，以高出對手百分之九的含糖量擊敗了可口可樂，分得了本來屬於可口可樂的市場比例，迎頭趕上，打下了一個非常好的基礎。可見，企業核心競爭力對企業發展起到了巨大的作用。一個企業，不可能有執行所有競爭活動的能力，那樣做既不經濟也無法達到應有效果。集中主要精力，打造自己的核心競爭力，並用超強的執行力，把這種競爭力轉化為攻佔鞏固市場的能力，不斷地創造出自己獨特的競爭優勢，才能一步一步佔領屬於自己的市場。

任何的競爭優勢都無法長久持續下去。一方面，市場需求在不斷變化，原有的優勢可能會瞬間變成劣勢；另一方面，對手完全可以複製自己的優勢，而使自己的優勢化為烏有。所以，企業必須時刻關注市場需求變化，不斷創新來滿足市場的需求，保持自己的優勢和核心競爭力。

【試說新語】

企業要保持自己的核心競爭力，不妨以自身所處行業中的標竿企業為參照物，以對方為榜樣，從它的經營活動中找到自己培育核心競爭力的靈感。透過不斷創新為市場和消費者創造出新的生活和精神價值，以推動企業向前發展。

賢人指路

辦企業有如修塔，如果只想往上砌磚，而忘記打牢基礎，總有一天塔會倒塌。

——浦木清十郎

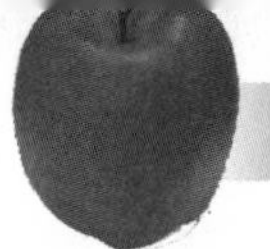

向強者看齊
加貝爾：學做一個聰明的跟進者

如果做不到原創，不妨做一個市場的跟進者。雖然跟進者不可避免地要面對諸多不利的因素，比如核心技術、重要專利、行業標準、最佳的經營位置、顧客對品牌忠誠度，以及政府和政策關係等重要的資源，可能已經完全被開拓者牢牢地控制在手中，這些劣勢是跟進者必須要跨越的障礙。

市場空間的有限，也是對跟進者極為不利的重要因素。例如像摩爾這樣的銷售巨頭要進入小城鎮，幾乎就可完全擠壓掉那裡的市場。同時，從消費者角度去看，有些消費者選擇新的商家，要跨越一些經濟問題帶來的屏障，高昂的轉換成本可能會使他們對新的商家望而怯步。例如微軟的用戶要想轉蘋果，自然就會帶來新的作業系統的學習成本，如果學習代價過高，不足以抵消跟進者提供的好處，那麼顧客就會對跟進者的產品和服務缺乏足夠的熱情。

當然，任何事情都有兩面性，雖然第一個吃螃蟹的開拓者更有條件和機會搶佔有利的市場地位和擁有技術優勢，但跟進者也並非沒有自己的長處。跟進者顯然不用花費巨大的精力來開拓培育市場，也無需耗費鉅資來開啟消費者對產品和服務認知大門。很多跟進者，同樣能成為市場的寵兒，後來居上，這樣的事情不乏先例。曾經三次採用跟進者策略獲得成功的加貝爾就是一個很好的例子。

雖然加貝爾口口聲聲說，很多時候最好的產品未必會是最終的贏家，不管跟進者的產品品質性能比別人的好上多少倍，那些率先佔領市場的企業早已透過品牌的大力宣傳和全面的行銷，把消費者牢牢地抓住，而消費者一旦習慣了某些不錯的產品，就會產生一定的依賴性而拒絕改變。但現實的情況卻是，加貝爾還是用他的最新傑作成功地擊敗了線上邀請服務領域的老大，過去十年一直無可爭議的業內霸主Evite，而躍居第一的位置。加貝爾除了看到Evite給他增加的困難和障礙外，更看到了Evite服務的缺點所帶來的市場商機。並能針對Evite的不足開發出了自己的產品和服務，新的產品和服務不僅擁有Evite的全部優勢，還彌補了它的不足和缺陷，使自己雖然起步晚了十年，但跟進的速度特別快，效率特別高。僅一年時間，就使一個只有十一名員工的小公司，營業額就超過了兩百五十萬美元。

要做一個跟進者，就要做一個聰明的跟進者，否則就更沒有勝出的可能。雖然跟進者可以完全模仿開拓者的產品，但也要有自己鮮明的個性，輕易就能與開拓者的產品區分開來。無論模仿還是複製，都要注入自己的創新元素，加進自己獨特的品質。這些創新，完全可以從功能、品質、包裝、價格、銷售等眾多的方面入手，只要能找到開拓者產品的缺陷，就能為自己找到足夠的機會。加貝爾的經營模式與競爭對手Evite完全不同，Evite的盈利管道是以對顧客免費，吸引足夠的顧客群，然後為其他企業發布廣告來賺取利潤。加貝爾顯然拓寬了這種管道，他透過邀請函的印刷郵寄等眾多的附加服務，來製造利潤，消費者還可以選擇不帶廣告的付費服務，來體驗相對新鮮的服務感覺。

當今市場上真正的創意越來越少，做為一個創業者，目標必須更實際，完全可以去效仿別人成功的產品和服務，只需要結合進自己的創意就可以了。

第四章

有些花草情未了

——追情人一樣追顧客

策略18

像洋槐花那樣吸引蜜蜂

——知道顧客需要什麼

顧客是企業生存的土壤，為企業帶來利潤，企業為顧客提供所需的產品，二者是不可分割的統一體。但對於一個具體的企業來說，顧客可以沒有這家企業，而企業卻不能沒有顧客。顧客對企業的可選擇性，註定了企業只能做顧客的一個情人，而不能成為顧客的唯一選擇。像洋槐花知道如何吸引蜜蜂一樣，知道顧客需要什麼，是企業的必修課和基本功。

【植物精靈】

洋槐花蜜，是蜂蜜中的上品，洋槐花也是最吸引蜜蜂的花朵之一。每當洋槐花盛開的時候，就會有大群的放蜂人，聚集在洋槐樹林中放蜂採蜜。潔白的洋槐花掛滿樹枝，遠遠望去，既像天上的雲朵，又像大海捲起的波浪。走近洋槐林，就會聞到陣陣襲來的幽香，令人迷醉。這裡到處是飛舞的蜜蜂，牠們不停地忙碌著，採擷著花粉，釀著甘甜的蜂蜜。

洋槐花也是一種美味的食品，蒸、煎或煲湯，都是難得的美食。

很久以前，一位印第安青年在山谷中迷路了，因饑餓昏倒在一棵洋槐樹下。一位仙子發現後，就採來洋槐花粉餵食青年。青年醒來後發現身旁有一群蜜蜂，原來蜂王就是救他的那位仙子。從此，印第安青年就把洋槐樹和那群蜜蜂當成了神靈，精心保護著洋槐樹和蜜蜂不受侵害。每年春天，蜜蜂就會用蜂蜜回報青年的真誠呵護。

洋槐花為蜜蜂準備了營養豐富、香甜可口的花蜜，蜜蜂也心甘情願為洋槐花忙碌授粉，互惠互利、雙贏共進。企業要想生存發展，也要像洋槐花那樣，知道顧客需要什麼，為顧客提供最好的產品，滿足顧客的需求。不同的顧客有著不同的消費心理，所以企業首先要為自己的產品選好消費對象，找準客戶群。針對不同的顧客，要提供不同的產品，並制訂不同的銷售策略。有的顧客看重的是產品的實用價值，有的顧客看重的是產品的價格是否低廉，有的顧客看重的是產品的檔次和品味，有的顧客則是看重產品的服務。不同的消費心理和不同的銷售方法，都會帶來不同的銷售結果。

【案例現場】

在一家專門銷售地毯的商場，有兩個櫃檯銷售員，她們每個月的銷售量差別很大。老闆見她們工作都很認真，對待顧客也都熱情，但不知道銷貨量為什麼有那麼大的差距。於是，他悄悄地在櫃檯裝了一架攝影機，坐在辦公室仔細觀察櫃檯發生的一切情況。

下午時，有一個顧客走進來，那個銷貨量低的售貨員急忙熱情地迎上去。顧客指著一塊圖案新穎別緻、品質上乘的地毯，詢問她價格，她微笑著脫口而出：「每平方公尺十八元八角。」

「真貴啊！」顧客面露失望，遺憾地走了。

過了一會兒，又有一位顧客走了進來，另一個銷售員熱情地迎了上去。顧客向她詢問同一塊地毯的價格，她卻沒有立刻回答，而是問顧客：「不好意思，請問您要鋪地毯的房間面積有多大？」

顧客疑惑地回答：「大約十平方公尺左右。」

那個銷售員略作沉思，不急不緩地答道：「在您的房間裡鋪上這塊美麗的地毯，只需要花費一角錢。」

顧客聽了無比驚訝地反問道：「一角錢？」

「是的，一角錢。您的房間有十平方公尺，每平方公尺十八元八角，我們這地毯品質優良，每塊地毯可使用五年，一年三百六十五天，您每天只需花費不到一角錢，就可以享受到美妙的生活了。」顧客聽了非常高興，欣然買下這塊地毯，高興地走了。

老闆看後，恍然大悟，頓時明白了兩位銷售員的差異在哪裡了。他立刻針對那個銷售量低的售貨員，重新進行了瞭解顧客心理培訓，果然，地毯銷量大增。

企業瞭解顧客消費心理，並不是一件容易的事情。它不僅要求企業要有敏感的資訊系統，還需要企業根據產品消費對象的不同，對員工進行顧客心理分析專業培訓，讓員工從顧客的角度去理解把握產品。

不同的顧客，對產品的關注點也不同，例如年輕人可能關注產品的外形、樣式；中年人可能關注產品的實用性；老年人可能關注產品的價格。在企業銷售產品過程中，只有知道顧客需要什麼，

才能有針對性突出宣傳產品的那些特點，就如上面案例中的地毯銷售一樣，相同的產品，相同的價格，由於銷售的方式不同，結果也不同。第二個銷售員滿足了顧客追求物美價廉的心理需求，所以最後購買了產品。

同時，顧客的需求心理也會有主次之分。對於同一件產品，可能由於第一需求的不同，而決定最終買或者不買。有些顧客，品質為第一需求，有些則是價格優先考慮。所以，企業在推銷產品時，既要把顧客當朋友，又要為顧客當消費顧問。

【試說新語】

企業要把顧客當情人，用產品的魅力吸引顧客；要為顧客充當消費顧問，從顧客的角度去分析產品可能帶來的生活影響；要與顧客互動，打動顧客的心，消除他對產品的疑慮，不僅推銷產品，更要推銷對產品的信任。

賢人指路

我們所需的百分之八十，來自我們所做的百分之二十。

——理查·科克

策略19

栽下梧桐樹，引來金鳳凰

——用品牌吸引顧客

品牌是消費的路標，它會把顧客吸引到產品身邊來，引導顧客走上購買產品的道路。一個產品的品牌，就是產品的身分證，好品牌是好產品的象徵，對顧客有著磁鐵一樣的吸引力，就像梧桐樹對金鳳凰有無窮的吸引力一樣。經歷經濟危機淬火的品牌，在經濟復甦的大潮中，獨立潮頭，更能煥發出熠熠的光輝。所以，抓住品牌優勢，即時產品跟進，是企業把握時機，振興騰飛的一招妙棋。

【植物精靈】

鳳凰是百鳥之王，非梧桐樹不棲。《詩經》中記載：「鳳凰鳴矣，于彼高岡。梧桐生矣，於彼朝陽。」

相傳遠古的時候，有一個美麗的姑娘叫月落，她深愛著一個叫朝陽的青年。這件事被天上的星官知道了，妒火中燒，就用魔法破壞他們的姻緣。他讓月落和朝陽的晨昏顛倒，月落那裡是白天，朝陽的世界就是黑夜，使兩人無法見面。後來，星官的詭計被月落識破，她終於見到了朝陽，向其表達了愛慕之情，兩人從此深深地相愛了。星官不甘心自己的失敗，就趁月落睡熟之際，在她和朝陽

之間，橫亙了綿延千里的高山，使他們從此相隔千里，無法相聚。

月落醒來後，發現已與朝陽相隔千里，便茶飯不思，晝夜啼哭，而朝陽醒來後，也是愁眉不展，整日悶頭大睡。他們兩人的感情打動了月老，月老就把哭泣的月落變成了一隻金鳳凰，把沉睡的朝陽變成了一棵巨大的梧桐樹。並托夢給月落，只要找到梧桐樹，那就是自己的心上人朝陽；還托夢給朝陽，早晨從太陽升起的方向飛來的鳳凰，就是自己的心愛的姑娘月落。從此，金鳳凰月落飛越千山萬水，到處去尋找梧桐樹，而梧桐樹也會日日等待自己的心上人到來。

如果顧客是金鳳凰，企業產品的品牌就是梧桐樹。從品牌對消費者的吸引和對銷售的帶動來看，品牌是一個磁場，是一種拉動銷售的消費文化資訊和符號。具有輻射力和穿透力，能夠讓顧客對產品產生依賴效應，進而引發消費依賴。

每個企業都希望建立自己的個性品牌，可是有很多企業的品牌卻無法促進產品的銷售，究其原因，就是品牌與終端之間的管道沒有徹底打通，品牌的影響力還不足以喚起顧客對產品產生足夠的消費慾望。同時，同類產品的同質化，也加大了顧客透過品牌對產品認知力提升的難度，這就要求企業必須花費更大的力氣進行品牌的個性化建設，以及品牌對產品個性特徵的拉動力。

【案例現場】

OLAY是世界知名品牌的護膚品，在世界各地有眾多的擁護者和使用者。上世紀八〇年代，隨著寶潔公司全面進軍中國大陸地區，OLAY也搭乘便車，進入了這個市場。

OLAY在中國大陸地區銷售，同樣走的是品牌拉動銷售策略，使用大量的電視報紙等傳媒廣告，塑造OLAY的品牌形象，直到其家喻戶曉，OLAY才建立自己的銷售管道，進行全面鋪貨。當產品被送到顧客面前時，立即引起了眾多女性的追捧，成為護膚品的首選。初進大陸，OLAY就獲得了全面的成功。

綜觀OLAY的品牌傳播過程，就會發現其獨特之處，那就是品牌與產品的完美結合。它重點推出OLAY參與皮膚的修復作用，以及女性化的色調和香味，讓人一想起OLAY，腦海中就會浮現活色生香的女性形象，進而吸引女性的注意力，進而喚起一試身手的願望。所以，當OLAY產品真的來到眼前時，激發了女性強烈的購買慾望，並被它的品質所折服，而產生依賴的心理。愛屋及烏，後來推出的OLAY相關產品，同樣受到了廣大女性的青睞。

如今，OLAY已經成為世界上最大、最著名、最成功的護膚品之一，全球銷售額早已突破十億美金，開創了品牌和產品一體化的護膚品銷售先河。

OLAY品牌塑造和產品銷售的成功，說明對於企業新開闢的市場，品牌先行不失為一個比較好的辦法。那就是用品牌先聯絡顧客的感情，讓顧客先接受品牌，一旦品牌為顧客所熟知，並對品牌所代表的產品產生信任，那就為產品順利進入銷售階段，打下了一個比較好的基礎，同時也表明了品牌與終端之間的通道已經打通。

企業打造品牌的目的就是為了產品的終端銷售，所以企業在打造品牌時，就要圍繞核心目的，吸引顧客透過品牌關注產品，在最短的時間內，把顧客拉到產品銷售的終端。剩下的工作，就是產品銷售人員所要做的了。

品牌吸引顧客的優勢在於，先入為主為顧客提供產品選擇指導，在不知不覺中排斥顧客對其他同類產品的選擇，同時品牌傳遞的產品資訊更值得信賴，更符合顧客追求消費安全的心理。

【試說新語】

經濟復甦，市場有大量的空白需要填充，企業的品牌建設，也就顯得格外重要。不同的發展階段，企業應該有不同的品牌建設策略。以品牌帶產品的販賣式推廣，以產品功能介紹為主的宣傳式品牌推廣，以產品的文化價值為手段的薰染式品牌推廣，其目的都是為了讓顧客經由記住品牌而選擇產品，把顧客拉到產品銷售的終端，進而購買消費產品，並對產品產生依賴性。只有如此，才能真正發揮品牌吸引顧客的真正價值。

賢人指路

在我的哲學辭典裡，手段和目的是可以互換的辭彙。

——安迪·格魯夫

策略20 含羞草低頭

——敏感的資訊策略

在企業與顧客的關係中，雙方對資訊的掌握是不對稱的。對企業來說，敏感的資訊策略有著非常重要的意義。企業對顧客的資訊瞭解，不僅包括顧客本身的資訊，還包括顧客對企業自身產品所掌握的資訊。後一點在產品銷售以及顧客忠誠度培養上，同樣有著不可忽視的作用。企業在建立完善靈敏的資訊策略時，不妨可以拜植物中對資訊反應最靈敏的含羞草為師，充分提高獲取市場客戶資訊的靈敏度。

【植物精靈】

有一種草，只要輕輕觸碰一下，它的葉子會立刻緊閉，並下垂向地面，即使一陣小風吹過，也會出現這樣的情形。它像一個因為害羞而低下頭的少女，因此人們為它取了一個貼切形象的名字——含羞草。

唐朝大名鼎鼎的美人楊玉環初入皇宮時，不知什麼原因，並沒有引起唐明皇的注意，因此她整日愁眉不展，以淚洗面。有一天，宮女們怕她愁壞了身子，就拉她到皇宮後花園裡去賞花解悶，她無

意中碰到了一棵不知名的小草，小草的葉子立即合攏，低垂下去。宮女們一見非常驚訝，紛紛誇獎楊玉環漂亮無比，讓花草都感到自慚形穢，羞愧得抬不起頭來。這事很快在皇宮中傳開，唐明皇聽說宮中有個羞花的美人，立即傳旨召見，一見果然非常貌美，就封為貴妃，演繹了一段千古絕唱的長恨歌。從此以後，楊貴妃就得個雅號「羞花」。其實楊玉環碰到的花草，就是含羞草。

含羞草對外來資訊反應非常靈敏，這特性使它得到了很好的自我保護。由於合攏低垂的葉子表面看已經失去了生機，這就大大減少了動物昆蟲們對葉子蠶食的可能性，降低了生存風險。企業要想在變化莫測的市場中生存下去，也必須像含羞草一樣，始終保持靈敏的觸覺，時刻接收來自市場和顧客各式各樣的資訊，以便為自己的決策提供科學合理的依據。

在市場完全開放的經濟社會中，企業和顧客彼此瞭解的資訊並不對等。多數情況下，消費者在生活中需要購買的商品種類實在太多，不可能僅僅透過一次市場交易行為就會瞭解產品包含的所有資訊。在這種情況下，可能對企業產品的銷售產生一種隔閡。為此，企業的資訊策略，不僅是收集瞭解有關顧客的需求情況，還要把自己的企業和產品的相關資訊傳達給顧客，形成良性互動，加強溝通，增進彼此的信任。使顧客對企業和產品有深入的瞭解，進而認可接納產品，達到銷售產品的目的。

【案例現場】

美國有兩兄弟，在經濟危機過後，來到一個小鎮，開了一家雜貨鋪，並以此謀生。由於對當地的風土人情和人們的性格特點缺乏瞭解，對商品的價格規定得很死板，沒有留出討價還價的空間，所以他們的生意一直不好。

後來，他們透過調查瞭解，發現當地人購買商品時都有愛佔小便宜的心理，定價一元的東西，你怎麼也得讓他們一角、兩角，他們才肯購買。針對這一消費心理，兄弟兩人想出了一個招數：哥哥躲在屋中不露面，弟弟在外照看貨物賣貨。當有顧客進來挑選商品，詢問價格的時候，弟弟都裝作不知道商品的價格，就向屋中的哥哥詢問。例如，顧客問一雙雨靴的售價，弟弟就會大聲喊：「B型男士雨靴多少錢一雙？」哥哥就會回答：「二十六美元。」弟弟故意裝作聽錯，對顧客說：「二十二美元。」顧客聽了哥哥報價，又聽到弟弟的賣價，以為得了便宜，立即拿起雨靴，付錢走人。

其實顧客怎會知道，那雙雨靴的售價就是二十二美元。

在這個案例裡，商家與顧客的資訊資源始終處於不對等的狀態中。開始時，兄弟兩人掌握的資訊少，主動權在顧客一方，所以買賣並不好；後來兄弟兩人掌握的資訊多，而且對自身產品資訊進行了故意隱瞞，用虛假的資訊滿足顧客的消費心理，進而促進了銷售。這種資訊策略，在現實的企業產品銷售中並不鮮見。但這一策略使用不當，副作用也是十分明顯，利用資訊不對稱來欺騙顧客，對於企業品牌建設非常有害。

品牌建立是個長期的工程，容不得一絲的破壞。俗話說，「好事不出門，惡事傳千里」，一個企業建立起好的信譽很難，破壞掉好的信譽只需一夜的工夫。資訊越不對稱，品牌在產品銷售中的作用越突出。因為顧客在購買企業產品時，由於對產品的很多具體資訊不是太瞭解，缺乏對產品的信任度，因此會選擇那些比較熟悉的品牌產品，認為品牌產品比較安全可靠一些。這種由理性消費到非理性消費的過渡，其中的不可信因素已經被品牌消化殆盡。因此，企業在處理與顧客的關係上，培育一個具有較高知名度、美譽度和忠誠度的品牌，是獲得顧客信賴，銷售企業產品的一個重要策略。

【試說新語】

企業在贏得客戶信任方面，要盡量做到資訊對稱，這樣才能建立牢固的持久的關係。為此企業要加強市場調查的能力，尋找到顧客尚未被滿足的需求缺口，為自己進入市場，與顧客步調一致，找到切入點。同時，要即時全面地對顧客進行資訊告知，讓顧客全面瞭解產品性能、優缺點、價格和服務，清楚產品是否適合自己，什麼時機購買比較合適，如何進行售後服務等。

賢人指路

我們生就一條舌頭和兩隻耳朵，以便我們聽得多些，說得少些。

——芝諾

策略21 榴槤聞著臭吃著香

——用特色贏得青睞

所謂產品特色就是產品有別於其他同類產品之處，就是人無我有，以此來滿足顧客的需求。經濟危機過去，顧客的消費需求會突然增加，無論是生活需求和心理需求，都會呈現多樣化的趨勢。企業應該抓住這個時機，打造出自己的特色產品和特色服務，像植物中的榴槤一樣，用特色打動顧客，滿足顧客的多種需求，才能在經濟復甦的大潮中超前發展。

【植物精靈】

榴槤，俗稱金枕頭，有熱帶果王的美稱。榴槤營養豐富，廣東人稱「一只榴槤三隻雞」。它會散發一種類似臭豆腐混合洋蔥的味道，還夾雜著一種松節油似的芳香，這種異味，令許多人聞之望而怯步。但是，親自嚐過第一口後，就會被它果肉特殊的滋味所吸引，流連忘返，甚至上癮，真是又臭又香又好吃。泰國有一句名言：「榴槤出，紗籠脫。」意思是榴槤熟了，姑娘們哪怕脫下裙子賣了，也要吃上一次榴槤。

明朝鄭和率船隊下西洋，由於海上漂泊時間太久了，食物和淡水缺乏，又饑又餓，船員們非常

想家，歸心似箭。這時，他們在岸邊發現了一堆奇異的果子，但是臭不可聞，令人噁心。有的船員實在是饑渴難耐，便忍著惡臭，把果肉吃到嘴裡，結果香甜可口。別的同伴看他吃得又香又甜的樣子，紛紛一哄而上，爭相搶食，結果如飲瓊漿，如食甘飴，竟然把想家的念頭都忘了。

有人問鄭和：「這是什麼奇珍異果，為何如此好吃？」鄭和隨口答道：「流連。」於是，他們把種子帶回了家鄉。從此，中國也有了這種水果，人們叫它榴槤。

榴槤用自己又臭又香又好吃的獨特魅力征服了食客，企業也應該打造自己的特色產品和特色服務，贏得顧客的青睞。特色就是差異，有差異才能有別於同類，才能滿足顧客的特殊消費需求。差異就是個性，有個性才能讓顧客鑑別，讓顧客記住，並流連忘返。好的產品，好的企業，都是個性鮮明，在顧客心中有著獨特的魅力和獨特的印象。只要有需求，就會立刻想到這些企業和這些產品。

世界上成功的企業，無不在打造自己鮮明的個性和特色產品上，下足了工夫。可口可樂的神祕、百事可樂的青春、戴爾的校園、SONY的方便攜帶等，眾多有特色的品牌，總能讓顧客一眼就從令人目不暇接的商品中認出來，這就是特色的魅力，品牌的魔力。

【案例現場】

蘋果的約伯斯，經常會有驚人之舉，攪得同行心神不寧。二〇〇八年六月，他向整個世界宣布新一代3G版iPhone，零售價只有一百九十九美元，絕不反悔。這款獨具特色的手機，最主要的特長是支援3G網路，內置GPS導航系統模組，能夠收發郵件，處理各種文書檔案，軟體上增加了很多新的功能。約伯斯自己曾驕傲地宣稱，「這個電話將顛覆了電話界。」具有如此先進功能的iPhone手機，全球統一售價卻只有區區的一百九十九元，別忘了，他的製造成本高達237.43美元。難道約伯斯瘋掉了，還是神經出了問題？他為什麼要成本倒掛，賠本銷售呢？難道僅僅是為了吸引人們的目光？

一個商業天才，當然不會做傻事，這就是約伯斯的獨特之處。原來，憑藉產品的獨一無二，約伯斯與著名的通訊營運商AT&T，早已密謀好的利潤瓜分模式，為了補償蘋果為拓展用戶所造成的銷售硬體的巨大損失，AT&T將給每部3G版iPhone新手機最多高達四百九十九美元的補貼，每個購買使用3G版iPhone新手機的客戶，也要簽訂兩年與AT&T的契約，以便確保AT&T在競爭性極強的通訊世界中捷足先登，獲得足夠的利潤空間。這是一個三贏的策略，無論是硬體製造商蘋果，還是系統服務商AT&T，都將從中獲利，而顧客又能用最低廉的價格分享到新功能帶來的快樂。這就是約伯斯，不僅在產品上勇於顛覆傳統，而且在雷打不動的商業遊戲規則上，也勇於太歲頭上動土，重拳出擊。

約伯斯用特色產品加特色行銷，為蘋果的新產品打開了銷售推廣的新管道，迅速佔領了３G移動通訊的硬體市場。這是一次天才的行銷，把產品的特色與銷售的特色完美地結合在了一起，透過對產品資源的壟斷，把顧客源源不斷地帶到了企業產品的終端。沒有人能抵擋住這香甜榴槤的誘惑，誰不想先睹為快呢？功能強大，價格低廉，獨一無二，這些已經足夠了，足以誘惑消費者主動掏出腰包裡的鈔票，來享受這又臭又香又好吃的「人間珍品」了。就這樣，蘋果又一次透過特色產品和行銷贏在了起跑線上。

特色產品的最大優勢，就在於它能夠提供其他競爭者無法提供的消費需求滿足，而且這種特色能

夠引導顧客找到產品的終端，進而贏得顧客信任而別無選擇地購買使用產品，並對產品品牌產生足夠的依賴心理。

【試說新語】

經濟復甦，所有的企業都雄心勃勃，躍躍欲試。但要想使自己的企業脫穎而出，就必須打造自己的特色產品和特色服務。企業打造自己的特色，可以在產品的功能、品牌、包裝、價格、服務等方面著手，即便不能全方位做到有特色，起碼要有一、兩項獨特的地方。把這些獨特的方面大力彰顯，使之突出，就形成了自己的競爭力。

賢人指路

人只有獻身社會，才能找出那實際上是短暫而有風險的生命的意義。

——愛因斯坦

策略22 板藍根渾身都是寶

——服務抓牢人心

【植物精靈】

明朝末年，北方爆發大規模瘟疫。有一位老婆婆夜裡夢見一個提著小籃子的年輕姑娘，她叮囑老婆婆把籃子中的大青葉連根帶葉煮水給鄉親們喝，就能消除瘟疫。老婆婆醒來後，立刻召集鄉親們到野外去挖大青葉煮水喝，果然瘟疫得到了控制。

大青葉又叫路邊青，到處生長，生命力強，它的根叫板藍根，能預防治療傷風感冒、乙腦等多種病症。板藍根渾身上下都是寶，深得人們喜愛。

對於一個在危急中存活下來的企業來說，趁著市場復甦春風，也應該像板藍根那樣，把自己渾身都變成寶。那麼，企業的寶貝是什麼呢？那就是優質的產品和優越的服務。

企業發展的動力，就是不停地為消費者研製開發生產出各種優質的產品和提供各種優越的服務，以此來滿足消費者不斷提高的消費需求。

「如果沒有優質的產品，那就提供優質的服務吧！」一個小商販說出的這句話不無道理。

【案例現場】

因為幾乎無利可圖，許多商家都不願經營針頭線腦這些日常小商品。然而美國商人霍華斯卻用自己獨特優質的服務，在日常小商品這一別人看似荒蕪的領域，獲得了巨大的成功，創造了鉅額財富。他成功的祕訣很簡單，做沒有人願意做，而顧客又需要的買賣。他首先收購一般小型雜貨店積壓滯銷的各種小商品，如手提包、襪子、襯衣、皮帶、針線、鈕扣等，不管多少進價，統一標價五到十美分上架銷售。接著他把店鋪開設在客流量大的地帶，使顧客方便購買。同時他採用連鎖經營的方式，利用規模優勢，進一步降低成本，創造了一種不同尋常的行銷方式——連鎖經營，並憑藉這全新的服務方式，使自己獲得了成功。從一八七九年創立第一個小店鋪，到一九三〇年擁有全球一千三百八十家分店的國際性商業大企業，霍華斯只用了五十年的時間。

由此可見，不管什麼商品，只要能以自己獨特的服務來滿足消費者多層次的需求，雖看似無利可圖，也會得到豐厚的回報。而成功的關鍵就在於企業要會點石成金，化腐朽為神奇，找到優越服務的途徑和方式。

【案例現場】

服務行業中，許多企業的成功都是靠創新服務方式，為顧客提供更優越服務來取得的。艾德里安．戴爾西、拉西．希爾布洛姆和羅伯特．林德三個美國人，經過長期觀察發現，普通信件包裹傳遞速度和服務品質已經遠遠不能適應當代經濟活動的需求和人們生活日益變化的需要，於是決定想辦法解決這個問題。他們以三個人姓氏的第一個字母，組建了DHL快遞公司，打算用快遞的方式，滿足市場對傳遞業務的新需求。他們最初的方式，是把美國西海岸海運公司的發貨單據等重要材料，透過飛機專程送往太平洋中夏威夷島的接貨地點，以便簡化海運公司所需要的各種手續。這使得貨船到港後，能迅速卸貨、交貨、即時裝上新貨物返航，為船運公司節省了大量的港口費用。這種服務方式一經推出，立即受到了運輸公司和個體經營者的歡迎，從此，他們創造了一個新的快遞業務，開闢了一個新的服務市場。

用優質的產品滿足市場的需求，進而促進自己的發展，這樣的例子不勝枚舉。但是，並非產品在設計、工藝、售後服務上與眾不同，領先一步，優於其他，就能很快在市場上佔有一席之地，事情遠沒有那麼簡單。在激烈的市場競爭中，商品買賣的成功，往往是一個驚險的跳躍，不僅要具備好的品質、好的條件、好的環境，還需要恰當的時機。人人都知道SONY電器在當今世界電器市場上首屈一指，但很少有人知道SONY當年開拓市場時遇到的艱辛和困難。為了將SONY電器產品打入美國市場，盛田昭夫痛下決心，千里迢迢舉家遷往美國。他特地選擇居住在美國貴族區，以便體驗美國貴族的消費心理和生活習慣，目的就是為了顯示SONY公司的形象和產品獨特的競爭性。對於企業來說，新產品研製生產成功，並不等於已經變成企業為顧客提供需求滿足的利器，它只是預示著一個潛在的市場可能存在，要想把這個潛在的市場開拓出來，成為企業新的領地，還需要強力和對的推廣和行銷。

就算企業的新產品一推出就能滿足顧客需求，也並不意味著企業從此就可以坐享其成，只等大把的利潤飛進自己的腰包。

首先，顧客能否全面瞭解這個新產品是個未知數。

其次，就算顧客對產品瞭若指掌，也不等於顧客就會欣然接受這個新產品。而且，就算顧客已經接受了這個新產品，但顧客的忠誠度如何也不得而知，如果曇花一現，生命期非常短暫，同樣也意味著失敗。

一個產品在市場中生命的長短，很大程度上取決於這個產品的潛在價值，如果潛在價值已經被挖掘殆盡，沒有創新提升的空間，沒有後勁，那麼它就算紅極一時，也很快衰亡隕落。

【試說新語】

為顧客提供優越的產品和服務，是一個綜合系統的工程。企業必須為此設計好每一個環節，選擇好時機，紮實走好每一步。從產品設想，到技術研製開發，到規模生產，到市場行銷，到售後服務，都要做到精益求精，把握住顧客的需求脈搏，投其所需。唯有如此，才能使產品和服務在市場紮下根，並能發展壯大，成為企業生存的源泉，像板藍根一樣，煥發出強大的生命力。

賢人指路

賣給一個客戶他自己想要的東西，比讓他買你的東西容易很多。

——佚名

向強者看齊

IBM：賣智力還是賣能力

有人說，領先一步是創新，領先兩步是革命。那麼，領先三步呢？人們很確定IBM的「智慧的地球」是理想還是一種幻想？以一個硬體商出身的企業，IBM一直在進行著三級跳，從硬體到軟體，再到服務，直到現在的創造新世界，IBM的大膽和創新，展示的是一種智力還是一種能力？

先來看看IBM的「智慧的地球」的本質。智慧的地球建立智慧的城市之上，就是對城市的公共服務、交通、能源、電力、供水等，社會系統進行智慧化改造，使城市管理現代化，減輕城市管理的巨大壓力，並讓城市人們的生活得到極大改善。在此基礎上建立起來的智慧地球，其實就是智慧城市的放大版，只是把地球當成了一個城市來管理，透過每個國家智慧的電力、智慧的交通、智慧的能源、智慧的教育、智慧的醫療等智慧建設，而使地球上每個國家的管理都轉變成智慧管理。這表面上看是IBM超人的智慧，但本質上是IBM的一種商業能力的集中體現。

智慧的地球裡，必然隱含著巨大的政府和社會的投資，智慧化的過程，潛藏著IBM在其中掘金的巨大商機。因為IBM有這方面的優勢和實力，無論是軟體還是系統，IBM都會因為自己提出的這一宏偉理想而獲益匪淺。那麼，IBM將會在智慧的地球裡如何一展身手呢？過去幾年，IBM的轉型主要集中在圍繞服務、解決方案和服務軟體上，它們百分之八十營業額和百分之九十的利潤，還是依賴軟體和服務來獲得。但是IBM卻認為，傳統的硬體、軟體、服務，單純哪一項都無法抵擋市場眾多的競

爭者一浪高過一浪的進攻，只有三劍合璧，走硬體、軟體、服務一體化的道路，將智力轉化成無人可比的能力，才有可能在激烈的市場競爭中爭得一席之地，站穩腳跟。現在IBM業務已經轉型為全球技術服務、全球商業服務、系統和技術支援，以及全球金融服務等業務上來，真正實現了由賣智力到賣能力的實質性轉型。

透過硬體、軟體、服務，三位一體的整體發展策略，IBM逐漸形成了自己獨特的能力優勢和競爭實力。僅以二〇〇八年為例，IBM的營業收入為一千零三十六億美元，比上一年微增不到百分之五，但利潤卻高達一百二十三億美元，比上一年增長百分之十八，毛利潤高達百分之四十二，這應該算是一個奇蹟。

在智慧的地球中，IBM的另一個野心是開發新的晶片。道理很簡單，智慧的地球所有的系統必須依賴於強大的電腦能力，控制了晶片，實際就是控制了智慧的地球的心臟。到那時，智慧的地球必將在IBM的驅動下，才得以正常運轉，這一隱含的目的，可以看出IBM不同凡響的策略眼光。

智慧的地球必將面臨龐大的資料處理能力和分析能力。IBM為此有自己的應對措施，它們推出了流計算軟體，利用新的流構架和突破性的運算法則，對任何來源的資料，都能夠進行前瞻性分析，以此來適應智慧的地球艱巨的資料處理和分析的需求。

從賣智力到賣能力，這是一次革命，也是一次冒險。IBM能否真正建立起智慧地球的王國，需要假以時日，一步一步來。

第五章

有些花草要幫扶——管理要跟上

策略23 藤蘿也有淩雲志

——讓員工學會服從

「無條件服從」是沃爾瑪集團每一個員工必須嚴格遵守的原則，他們的日常工作和行為，永遠不能違背這一原則，否則就會受到懲處。這是硬性規定的措施，不能有任何藉口和理由推脫逃避，哪怕這藉口和理由看起來非常合理，甚至事後驗證是正確和有益的，也不能憑此理由拒絕執行。這就像藤蘿一樣，即使想攀入雲天，也必須要服從它依附的樹幹的方向。

【植物精靈】

藤蘿本來是匍匐在地，到處遊走的植物。有一天，它看到小鳥從天上飛，白雲在天上飄，心中便充滿了羨慕之情：「要是能像大樹一樣站起身來，就能看見遠方的風景了，那是多麼美妙的事情啊！」忽然，它看到不遠處傲然挺立的大樹，心裡有了主意，它慢慢爬到大樹身邊，開始好言恭維大樹，表達了自己想借大樹的肩膀，到高處去看一看遠處風景的心願。藤蘿說，它一輩子看到的景色都沒有超過三十公尺。大樹聽了它的訴苦，對它充滿了同情，就答應了。

藤蘿很快爬到了樹頂，看到了遠方美麗的景色，心中萬分高興。可是沒有幾天，它就覺得身體非

常難受。原來，它發現趴在樹上失去了自由，再也不能四處任意走動了。藤蘿有些後悔，就回到地面。可是到了地面才發現，天空都已被各種植物遮蔽，根本沒有吸收陽光的空間了，自己的生命陷入了危機。這時，大樹不計前嫌，向它伸出了援助之手。藤蘿這時才明白，只有服從大樹的方向，自己才能沐浴雨露和陽光。

藤蘿依服大樹，所以找到了生命的契機。員工與企業的關係，就像藤蘿和大樹一樣，只有服從，才能成就個人的輝煌。服從是企業管理的原則，也是企業存在的基礎。對企業來說，沒有服從，一切都無從談起。一個具有卓越執行力的企業，一定是建立在意志統一、絕對服從、令行即止的基礎上；一個優秀的員工，一定是具有絕對服從的意識，積極服從，主動服從。二者之間互為因果，相輔相成，相得益彰。企業的整體利益不允許員工我行我素、抗令不遵；員工的個人利益也只有服從企業的利益才得以實現。

一個企業的管理，如果下屬員工不能無條件執行上司交代的工作和任務，就會對工作目標的實現產生阻礙和破壞。所謂員工個人的創造性、主觀能動性，都是服從上司安排的任務，為完成任務而發揮的個人能力。如果上司的命令得不到貫徹執行，那麼企業再好的策略思路、經營方針，也落不到實處，轉化不成效益。

【案例現場】

有一個生產寵物飼料的小公司，專門為各大城市寵物店供應寵物飼料，由於公司經營方針靈活，雖然規模不大，但效益還可以，訂單足夠維持公司的正常運轉了。但某次意外，差點斷送了公司的前程。

那天，一個客戶預訂了一百箱貓飼料罐頭，但要求用狗飼料罐頭盒進行包裝，而且送來了這家公司曾用過的狗飼料罐頭盒的樣品。老闆按顧客要求安排下去，並一再叮囑不能弄錯，但產品發出不久就被客戶退了回來，並要求公司承擔其損失賠償。老闆很納悶，急忙打開包裝箱，這時他才恍然大悟，原來發出的貨品還是用貓飼料罐頭盒包裝的。老闆惱怒異常，立刻把當時值班工長叫來弄清其中的原委。

原來，值班工長認為肯定是老闆聽錯了，誤會了顧客的要求，貓飼料怎能裝在狗飼料盒中呢？但自己又不好意思和老闆爭辯，於是就自作主張，習慣性地用了貓飼料的罐頭盒。他哪裡知道，顧客之所以這樣要求，是因為這個顧客養了很多貓和狗，但貓不知怎麼都養成了一個習慣，不裝在狗飼料的盒子裡就不吃，而且也不吃狗的飼料，顧客只好每次用狗吃完的盒子來裝貓飼料餵貓。後來感覺這樣太麻煩了，於是就向這家公司訂做一批特殊的「狗」飼料。

這次違約，讓這家小公司損失慘重，不僅是經濟上受損，主要是信譽大打折扣，失去了很多客戶的信任。後來花費了很大工夫，才又重新樹立起來原來的形象。

從這個小故事可以看出，員工根據自己的感覺去判斷正誤，有時並不準確。他所處的地位、所站的角度、所掌握的資訊、對命令意圖的理解等，都會造成判斷的錯誤。員工做為企業的一員，無論是日常小事，還是決策大事，都必須時時刻刻服從上司的安排，就算自己的才華比上司還高，就算

自己的頭腦比上司聰明百倍，也絕對要按照上司的命令去執行。因為上司所處的位置更高，責任更重，他的決策往往是和整個企業保持一致的，所以必須無條件執行。否則員工都按自己的標準去進行判斷、去行事，那就會有令不行，失去企業集體具有的巨大威力，不僅企業一敗塗地，員工也會一事無成。

【試說新語】

只有員工從日常行為做起，自覺服從，主動服從，才能更好地貫徹執行企業的各項命令，使企業的大政方針落到實處。這樣不僅節約管理成本，發揮企業團隊的整體作用，還能打造企業超強的執行力，保證企業的經營順利進行。唯其如此，企業實現經營目標，獲得豐厚利潤，才能成為水到渠成的事情。

賢人指路

在正義佔統治地位的地方，自由就是服從。

——詹．蒙哥馬利

策略24
葵花朵朵向太陽
——培養員工的忠誠度

「如果你是忠誠的，你就會成功。」一位美國成功人士曾無限感慨地說。沒錯，忠誠就是企業和員工不二的選擇。有一位社會學家，經過多年對眾多成功人士的追蹤研究後發現，決定一個人事業成功的諸多因素中，知識水準和工作能力僅佔百分之二十，專業技能佔百分之四十，而忠誠達到百分之一百。也就是說，每一位成功的人士，都是以忠誠為前提的，沒有忠誠，再高的知識水準、工作能力，也無法獲得成功。所以，只有忠誠的員工，才是企業真正需要、真正能發揮作用的員工。

【植物精靈】

向日葵生長前期的幼株頂端和中期的幼嫩花盤，會跟隨著太陽早晨向東彎曲，中午直立抬頭，下午面朝西方，夜晚再直立扭頭向東，周而復始，圍繞太陽轉動，而獲得了葵花朵朵向太陽的美譽。

在古希臘神話中，克麗泰是一位美麗的湖泊仙女，有一天，她在森林裡見到了正在狩獵的太陽神阿波羅，為其英俊的容貌所打動，並愛到了如醉如狂的地步。可是阿波羅並沒有對她動心，都沒正

眼看她一眼就面無表情地離開了。從此，克麗泰陷入了痛苦的思念之中，她熱切盼望阿波羅能與她說說知心話，可是她再也沒有遇到過阿波羅，只能每天注視著天空，遠遠地看著阿波羅趕著金馬車從天空緩緩而過。克麗泰目不轉睛地盯著天上的太陽，目送阿波羅消失在黑暗之中，就這樣，她追逐著日出日落，目光呆滯，頭髮散亂，生活陷入了無窮的煩惱之中。她的深情感動了眾神，眾神施法把她變成了一株金黃色的向日葵，臉龐永遠向著太陽，訴說著她心中無限的愛戀和相思之苦。

一個企業，只有員工具有較高的忠誠度，才能團結一心，共同完成企業的各項經營目標任務。對於企業來說，員工的忠誠度無疑是根基；對員工來說，忠誠是好員工的最佳標準，如果缺乏對企業的忠誠，服從也就無從談起，更不用說傾盡全力，努力工作了。

員工對企業缺乏忠誠，就會在工作中消極怠工，應付了事，工作的目的就是混薪酬，老闆在就做做樣子，老闆不在就偷懶，這樣的員工，不可能把工作做好。那些只是工作消極，敷衍了事的員工還不算惡劣，最惡劣的員工莫過於不僅不忠誠於企業，還要吃裡扒外，成為企業的蛀蟲。這種騎驢找馬的寄居蟹式的員工，有時對企業的打擊往往是毀滅性的。

【案例現場】

一家大型機械配件公司，近年出現了大型固定客戶幾乎全部丟失的現象，而新拓展客戶，做不成幾單生意，又消失得無影無蹤。因為這個原因，公司的營業額急速下滑，經濟損失巨大，很快就出現了嚴重的虧損。公司人心浮動，陷入一片混亂之中。公司老板坐臥不安，透過多方縝密的調查，發現是自己的員工在釜底抽薪，藉公司的招牌和客源，借雞生蛋做起了自己的買賣。

原來，公司所屬的銷售公司經理，在同一城市，開了一家自己的機械配件公司，經營的配件產品和種類，與這家公司下屬的銷售公司完全相同，就連店鋪門面和裡面的裝修也和銷售公司完全一樣。雖然這家公司由他哥哥管理經營，他很少出面，但每當銷售公司有客戶來委託採購產品或洽談業務時，他都把客戶介紹到自家哥哥的店中，並私下許諾降低價格或給予好處費等，更有甚者，他的名片都印有兩套，給顧客發放名片時，會根據客戶的大小、採購數量多少、重要程度等發放不同的名片。兩套名片，不僅格式、文字、材料、印刷完全相同，甚至名字、電話號碼也相同，只是位址不同，一張印著銷售公司的地址，一張印有他哥哥公司的地址。

透過這種明修棧道，暗渡陳倉的運作，不到兩年，他就把銷售公司的客戶，幾乎全部納入了他哥哥公司的名下。這家公司不得不開除了這名銷售經理，並訴諸了法律手段，但由於證據不足，最後並未挽回多少損失，只能不了了之。

從這個嚴酷的故事可以看出，員工的忠誠度不僅關係到企業執行力問題，還是企業生死攸關的大事。忠誠於企業，不僅要做到心無旁騖、專心工作，更要做到同心同德，無私慾貪心。只有培養出這樣的員工隊伍，企業才能成為馳騁市場的精銳之師，才能所向無敵，在經濟復甦的浪潮中，站穩潮頭。

湯瑪斯・傑佛遜曾告訴我們，「勇於行動且忠於職守的人，一定能夠成功。」員工忠誠於企業的品質一旦養成，就會樹立起強烈的服從意識，樹立起良好的職業道德，增強責任感，敢挑重擔，勇

於負責。還能在工作中大膽創新，發揮出自己的能力和水準，為企業完成各項經營目標打下堅實的基礎。

【試說新語】

員工的忠誠度，不僅決定了企業執行力的大小，也決定企業的效益高低。員工的忠誠度越高，服從意識越強，企業的策略和政策越能得到更好的貫徹和執行。由此可見，忽略員工的忠誠度，忽略對員工服從意識的培養，會動搖企業強大的根基，導致無窮的禍患。

賢人指路

你若想證實你的堅貞，首先證實你的忠誠。

──彌爾頓

策略25
支起成排芸豆架
——制度是管理的保證

企業制度建設和規範化管理是相輔相成的，有制度無管理，制度就是一紙空文；有管理無制度，管理就是無根之木。制度賦予管理權力，使管理行使的權力合法化，管理是制度得以實施的保障。

【植物精靈】

芸豆屬於蔓生植物，你要想有個好的收成，就要為芸豆支架。芸豆架常常被搭成人字形，這暗示著任何管理都是在講述做人的道理。芸豆剛剛長出地面時，藤蔓是自由伸展的，一旦攀上了芸豆架，它的長勢就會被固定，它必須藉助支架的力量和方向才能吸收陽光雨露，茁壯成長，開花結果，成就自己的一生。

相傳，一個癱瘓在床的可愛女孩，整日嚮往外面的陽光和清風。一個憨厚的年輕人經常來照顧她，當知道女孩的心願後，就背她到野外看風景。沒想到，天空一道驚雷把年輕人化成了一根木樁，姑娘也不見了。隨後，地下長出了一棵芸豆苗，很快爬滿了木樁。每當月明星稀的夜晚，如果你趴到芸豆架下，就會聽到芸豆沙沙細語，那是芸豆姑娘對年輕人在訴說衷情呢！

有了芸豆架，芸豆就能很好生長，企業有了制度，管理就會變得輕鬆和有效。制度一方面規範著員工的行為，另一方面又像槓桿一樣不停地調整企業各方面的關係，使整個企業趨於平衡和穩定，保持一種長久持效的發展動力。

企業制度的建設意義，對每個員工的行為都有指引作用，這種指引根據不同的情況會採用不同的方式，有時是一種選擇性指引，就是員工可以自己選擇行為方式；有時制度是一種明確性的指引，員工必須根據制度指引來行為，防止員工做出違反制度所指引的行為。

做為一種規範，制度必然具有判斷、衡量員工行為的評價作用，透過制度的評價作用判斷某個員工的行為是合理還是違規。制度的懲戒和制裁，就是對受裁員工的一種教育，也是對其他員工的一種警戒。反過來，員工合理的行為及其後果也同樣對其他員工的行為起到示範效果。依靠制度，企業可以預先估計、預測到員工相互間的行為，包括輿論的態度和企業管理機構對彼此行為的反應。

【案例現場】

一家以「感動員工」、善於情境管理著稱的公司，規模不大，員工不多，一方面對員工關懷備至，一方面又對員工執行制度要求非常嚴格。只要員工違犯了公司的規章制度和操作規程，不管是否造成損失，一律嚴懲。

公司有一名技術出眾、工作勤懇的車床操作工，發現卸掉切割刀前的擋板，拿取零件方便快捷，能大大提高工作的效率，於是就自作主張，把切割刀前的防護擋板卸了下來。雖然埋下了安全隱患，但這樣收取加工零件快捷得多，大大提高了工作效率。在中午休息之前，他就可以加工完大部分零件，超額完成當天的任務已經是板上錠釘的事情了。

這位車工很高興，以為自己可以更高效地為公司工作。很不巧，他的這個做法很快被走進車間巡視的主管發現。主管勃然大怒，絲毫沒有為他高效的工作所動，狠狠地痛斥他自作主張，私自破壞公司的安全措施，命令他立即將切割刀前防護板裝上，並且罰他一天的工作作廢，反省自己所犯錯誤的嚴重性。

第二天一上班，這位車工被叫到老闆辦公室，老闆語重心長地說：「身為公司老員工，不用我說，你應該比任何人都清楚安全對於公司意味著什麼。今天你少加工了零件，少完成了任務，少實現了利潤，公司可以換其他人其他時間把它補回來，可是你一旦發生事故、失去健康乃至生命，公司是永遠補償不起的。很遺憾，你不能繼續在公司從事這項工作了。」

離開公司那天，這位車床操作工流下了懊悔的眼淚。

制度的巨大威力還在於它的強制作用，這種作用的對象雖然針對是違反制度的員工，但對其他具有違反制度動機而尚未實施違反行為的員工，同樣具有威懾作用。違反制度的員工很快受到懲罰和制裁，那麼跟進的違反制度的員工就會大大減少。一般來說，制度都是以員工自覺遵守為基礎的，但強制也是必不可少的條件。制度的強制作用之所以必要，不單是為了制裁、懲罰違反制度的員工，更為了預防違反制度行為的發生。它的預防作用遠大於懲戒作用，目的就是為了增進員工的安全感、平等感，建立起穩定的企業運作秩序。

目前企業中，很多人認為制度就等於管理，認為有了制度就有了管理，而用制度代替管理，這是非常危險的一種認識。制度只是提供了依據，員工是否按依據行事，不僅靠自覺，還需要安排、指導、落實、督促和檢測。只有做到制度與管理並重，才能發揮出制度對管理的保障作用，促進企業經營的順利進行。

【試說新語】

企業管理中，必須要確保制度的貫徹落實，才能發揮制度的教育和規範作用，提高員工整體素質。員工只有服從制度，按照制度辦事，才能確保完成企業交給的各項任務，出色完成各項工作，確保實現企業經營目標，長久發展。

賢人指路

我認為，與制度結合的自由才是唯一的自由。自由不僅要和制度和道德並存，而且還須與缺不了它們。

——伯克

策略26

芝麻開花節節高

——好的程序是成功的一半

企業最高效的經營，就是按照制度規範，依照程序流程做事。用制度規範自己的行為，嚴格按照程序流程進行經營管理，是提高企業經營管理效率的最有效的辦法。合理的程序不僅是企業經營所必需，就連植物生長也會把程序安排得恰到好處，例如人們常說，芝麻開花節節高，就是讚頌芝麻成長中合理的程序安排。

【植物精靈】

芝麻媽媽春天的時候，把她的孩子們一個個放在田野裡就離開了，臨行前對孩子們說：「你們每長一歲，就在腰上掛一串銅鈴，等你們身上掛滿了銅鈴，媽媽就會聽到銅鈴的響聲，回來看你們。」孩子們相信了媽媽的話，努力成長，每長一歲，就掛一串銅鈴，等到他們身上掛滿了銅鈴，也明白了媽媽的良苦用心。他們已經長大了，再也不用等媽媽回來了。

芝麻莖稈直立，接受光照面積很小，所以芝麻對花朵果實的養分供應，就採取了從下到上，按照順序進行的方式，確保了每個花朵都能有足夠的養分供應，保證果實的成熟。

芝麻按照自己進化來的合理程序，順利成長，企業的發展，同樣離不開科學合理的程序做保障。

科學的程序管理，一般包含三個方面的內容，即管理程序化、程序標準化和程序規範化。程序化就是遵循企業運行的客觀規律，選擇企業管理科學合理的路徑、管道、次序、步驟、流程和計量，使之固定化和模式化。標準化就是建立統一的程序執行標準、統一的步驟和流程、統一的計量標準、統一的考核標準，按照統一的標準進行程序操作。規範化就是執行規範化，嚴格按標準執行程序，而規範化執行，正是為了克服執行中出現的人為破壞標準的現象，使程序管理協調一致，井然有序，確保執行的高效。

這三個方面缺一不可，只有標準化才有可能做到程序化，只有規範化、標準化才能發揮作用。有了管理程序化，程序標準化，執行程序規範化，企業管理起來就會簡便得多，就不會造成管理的混亂，科學高效就會成為現實。

【案例現場】

上個世紀九〇年代末，海爾開始以「市場鏈」為紐帶的業務流程再造模式。海爾的「市場鏈」業務流程再造，是把市場的利益調節機制引入企業內部流程管理之中。

企業原來的上下流程、上下工序、職位之間的業務關係等，均為單純的行政機制，引入市場利益調節機制後，在集團宏觀調控的基礎上，把這些單純的行機制轉變成平等的買賣關係、契約關係和服務關係。透過這種轉變，就把外部市場的訂單，分解成企業內部一系列的子訂單，形成了以外部市場訂單為中心，而內部形成的子訂單鏈，把前後工序、部門職位之間相互銜接咬合、自行調節運行，形成一個從初始點到市場客戶的直通業務流程鏈。

這個流程轉變的核心就是薪酬轉變，每個流程、每個工序、每個員工的收入，均來自自己服務市場和客戶。服務認可，可以按契約索取報酬，服務不到位，對方可以按契約索取賠償，當契約執行發生歧義和糾紛時，由第三方來裁決。

以外部客戶訂單為中心，依據訂單，把完成訂單立為流程終點目標，把完整的業務流程分解成一個個不同內部小訂單串成的一個系列內部流程訂單鏈，經由履行一個個內部的訂單，最終確保履行流程終端的外部客戶訂單的目標實現和完成。

流程之間的內部各環節，以小訂單為依據，形成了一系列的市場契約鏈。使之各小訂單環節，責任明確，目標明確，環環緊扣，以最快的速度和效率，最終完成客戶訂單的目標。

企業執行力大小，當然要看程序管理的科學與否。科學的程序管理，使企業的經營變得簡單和省力，不需考慮怎麼做，只需考慮怎麼做好就可以了，更容易使員工集中精力，專心工作，發揮自己最大的能量。

科學的程序管理，與傳統的產品品質管制相比，優勢明顯。傳統的產品品質管制，把管理的對象放在了原材料、半成品和成品的監測和檢查上，至於生產程序如何，並不關注，只要生產出合格的產品即可。管理的目標是工序產生的結果即產品，關注的重點放在產品的品質上，注重的是最後的結果。而科學的程序管理，對象是程序的控制，要確保程序的合理，用程序的合理保證結果的合

理。

【試說新語】

企業實行程序化管理，管理的對象就是工序，關注的重點就是工作的品質，重過程而輕結果。因為只要過程科學合理，結果必然能達到預設的要求，這就確保了產品品質的統一性和高合格率。而且便於員工操作，減少人為因素對產品品質帶來的影響，使品質可控，結果可測。

賢人指路

每件東西都有自己的位置，每件東西都應在自己的位置上。

——薩繆爾．史密斯

策略27 沙棘防護林

——發揮團隊的力量

一個充滿惰性的企業團隊，必定會使企業死氣沉沉，帶領企業在經濟復甦中脫穎而出，也會是一句空話。只有發揮每一個員工的才智，發揮企業團隊集體的力量，才能使企業這條巨輪，乘風破浪，在市場的汪洋大海中順利前行。

【植物精靈】

古代有一個原始部落，人們不忍心殺掉那些疾病纏身、即將病死的老馬，就將牠們放逐到廣袤的野外。過沒多久，那些老馬又回到了人們的帳篷之外，每一匹馬都變得強壯剽悍。人們感到奇怪，就跟隨馬群來到一片茂密的果林，看見馬群以野果為生，便稱這種果實為聖果，也就是沙棘果。

沙棘雖然個體植株矮小，卻成片成林生長，成為最好的環境防護林。沙棘生長在貧瘠乾旱的荒漠沙丘地區，能夠保持水土，防風固沙，恢復被破壞掉的生物鏈，所以又被讚為環境保護的綠色長城。

沙棘靠集體的力量保護著自身生存的環境，而企業的成功則來自企業團隊的集體努力。團隊意識

的核心和精髓是服從與忠誠，只有團隊各成員之間為了整體利益緊密團結，分工合作，才能形成強大的凝聚力和整體的戰鬥力，來實現團隊的目標。是團隊就要強調整體性，團隊意識的強弱，決定了團隊戰鬥力的強弱。企業經營，是依靠團隊集體力量完成的一個系統而完整的工作過程。

團隊必須充分利用各種人力資源，用制度和程序完成人力資源的最佳整合，發揮整體優勢，進而形成最大的合力，產生卓越的執行力。同時，企業的市場環境瞬息萬變，團隊必須根據環境的要求採取靈活動態的人力資源管理策略和戰術，隨時根據環境的變化進行策略和措施的調整。

【案例現場】

石油大王洛克菲勒對手下一個員工有這樣的評價：「即使在公司最困難的時候，他也一直沒有放棄努力，始終以公司為榮。只不過他努力的方式與眾不同，比較特別而已。」洛克菲勒表揚的這名員工，就是後來標準石油總裁阿基勃特，當時他只是標準石油公司裡一名普通的銷售人員。

洛克菲勒於十九世紀創辦了美國標準石油公司，後來成為世界上最大的石油生產經銷商。阿基勃特雖然只是一名普通的推銷員，但在公司已經小有名氣。他的名氣當然不是因為他的銷售業績突出，在公司眾多的銷售人員中，他的業績僅僅算中等，並非名列前茅。那麼，他用什麼方法讓別人知道自己，記住自己的呢？那就是他保持多年、別人都以為奇怪的習慣，只要遇到簽名的機會，他都不會忘記簽上公司的宣傳語：每桶四美元的標準石油。當時標準石油公司的石油售價是每桶四美元，公司因此提出了一個宣傳口號：「每桶四美元的標準石油。」

所有簽名的機會，阿基勃特都會如此做。例如出差下榻飯店、購物買單、簽收郵件等，每當簽下自己的名字，他都會在名字下方工工整整地寫下公司廣告語，甚至連平時給朋友寫信也毫不例外，而對一些熟悉自己的朋友，他乾脆不寫自己的名字，直接用那句廣告語替代。

四年後有一天，洛克菲勒無意中聽到這件事，感到非常驚訝，感慨地說，「竟然有這樣不遺餘力宣傳公司聲譽的員工，太令人敬佩了，我得見見他。」說完，洛克菲勒就安排人特意邀請阿基勃特共進晚餐。

晚餐的時候，洛克菲勒問阿基勃特為什麼總是喜歡簽上公司的「每桶四美元的標準石油」宣傳語。

阿基勃特坦然地說：「因為那是我們公司最真誠的宣傳語。」

洛克菲勒聽了很高興，接著又問：「在業餘時間裡，你認為還有必要和義務為公司做宣傳嗎？」

阿基勃特平靜地反問道：「為什麼沒有呢？難道業餘時間我就不是一名標準石油自豪的員工嗎？我每多簽一次，就至少多一人知道我們標準石油和我們物美價廉的產品。」

聽到阿基勃特這樣說，洛克菲勒更加敬佩眼前這位平凡的年輕人了。於是，開始著意培養他，五年後，洛克菲勒因為身體原因，不得不離開總裁位置，卸任前，他沒有把公司總裁這一重任交給自己的兒子，而是讓阿基勃特挑起了這副重擔，把整個公司都交給他經營管理。

結果證明，洛克菲勒沒有看錯人，他對阿基勃特的信任給標準石油帶來了豐厚的回報，在阿基勃特管理期間，標準石油公司獲得了飛速的發展，更加繁榮興旺了。

沒有完美的個人，但有完美的團隊。團隊應該以擁有優秀的員工而驕傲，員工應該以身處強大的團隊而自豪。提高員工獨立完成工作的能力，全面提高員工的個人綜合素質需要注意以下幾點：樹立服從意識，增強服從能力；確立組織目標，增強凝聚力；樹立整體意識，增進團結合作；改善人際關係，形成良好氛圍；加強資訊交流，挖掘創新潛力。總之，團隊只要充分調動每個員工的力量，使之凝聚成巨大的合力，並在團隊執行力之中釋放出來，就會使團隊成為無堅不摧的鋼鐵之師。

【試說新語】

企業謀求發展，必須不斷提高員工團隊意識，利用企業文化環境薰陶，利用企業願景引導，利用員工培訓灌輸，利用制度程序約束，利用獎懲措施激勵等各種方式方法，打造一大批忠誠守信、服從意識強、能力突出的人才隊伍。發揮他們的整體優勢，使團隊形成具大的凝聚力和戰鬥力，才能令企業立於不敗之地。

賢人指路

一致是強而有力的，而紛爭易於被征服。

——伊索

策略28

大豆喜生根瘤菌

——財務管理當嚴謹

財務管理是整個企業管理中的核心和樞紐，企業追求的目標，就是財務管理的目標，所以，企業應該以財務管理為紐帶，協調運作企業管理的各個方面，才能有效地發揮企業管理的各種功能，促進企業良性發展。根瘤菌是與大豆共生的一種菌類，企業財務管理要像大豆寄生根瘤菌一樣，嚴謹而互利，發揮好財務管理的造血功能，促使企業逐步發展壯大。

【植物精靈】

古希臘神話中，負責農業的女神叫得墨忒耳，有一次她女兒蒲賽芬尼要出遠門，她就送給了女兒一顆大豆，叮囑女兒大豆能消除邪惡，防治百病，要女兒在關鍵時刻食用。女兒不捨得吃這顆大豆，而把它送給了人間，讓大豆在大地上傳種繁衍，造福於人類。

大豆的根上常常寄生根瘤菌，根瘤菌把空氣中的氮轉化成含氮物質為大豆提供養分，大豆也為根瘤菌提供有機物，二者互相依賴，共生共利，成就了一段植物界互相幫助的佳話。

根瘤菌為大豆提供養料，企業財務為企業造血，二者作用相似。企業財務管理對整個企業經營起

著非常關鍵的作用：

首先，財務管理具有融資功能，為企業經營提供資本運作通道，例如為企業提供貸款擔保、資信證明等。其次，財務管理具有資產管理功能，對企業資產有調控功能，開源節流，有效增加企業資產的利潤率。

再次，財務管理是企業經營決策的重要依據，沒有財務管理做為依據的決策，容易盲目造成決策失誤，為企業經營帶來不必要的損失。同時，企業財務管理還具有監督職能，對企業的社會責任和員工的工作責任，都具有約束和監督作用。

如果企業現金管理不嚴，極容易造成資金閒置或資金不足，嚴重影響企業的正常經營。資金閒置會造成資金使用率下降，不能參與生產週轉，造成資金浪費，加大資本運作成本，實際就是降低了企業的利潤率。同時，如果對資金使用缺乏計畫性，過度購置非生產性資產，就會造成資金短缺，無法保障生產經營正常運轉，資本無法進入良性迴圈，而造成資本浪費。

財務管理不是簡單的記帳，它同時還有制度約束功能，如果財務管理不嚴謹，失去企業管理者和員工的約束作用，可能就會給企業帶來重大的資產損失。這種情況在很多企業中時有發生，不能不引起企業管理者的重視。

【案例現場】

某大型企業一個員工，以妻子患有白血病急需治療為由，向企業主管申請借款五十萬元，根據企業財務制度要求，這名員工寫了一個借款申請，申請單寫明了借款數額、還款方式和日期，承諾企業可以從自己的工資獎金中逐月扣除，但沒有按制度要求提供相對的擔保。企業負責人和分管財務主管不知出於什麼原因，同意了該員工的申請，分別在上面簽了字，企業財務隨即分兩次以支票形式向這位員工支付了五十萬元借款，員工也進行了簽收。一個月後，這名員工突然不辭而別，企業經過半年查找，仍然得不到這名員工的消息，只好收集證據向法院提出起訴。由於找不到當事人，又無任何擔保，一直無法彌補這一巨大的損失，負責人因此受到了董事會的罷免，同時承擔了大部分債務償還責任。

無獨有偶，另一家以銷售機車為主的公司，連續向自己下屬的分公司提供了價值八百餘萬元的產品，但貨款一直無人催繳。年底公司結算的時候，才想起催促下屬公司上繳貨款。可是為時已晚，貨款被下屬公司經理挪用去股市炒股，因為遭遇股市大跌，結果全被套牢，五百多萬資金已經縮水不到一百萬，給公司造成了巨大的財產和經營損失，導致下屬分公司資金週轉困難，被迫關門停業。

以上兩起財務事故，均是由於企業財務管理不嚴謹造成的。財務事故對於企業來說，往往都是致命的。例如有的企業利用做假帳的形式偷稅漏稅，有的企業利用假帳提供虛假的資信證明來騙取銀行貸款，都是為企業埋下的巨大隱患，一旦出現問題，企業在劫難逃。所以，科學的財務管理對企業經營來說，非常重要，必須把財務管理做為企業管理的中心，科學嚴謹地實施，才能確保企業資產安全、高效，創造出最大的利潤。

企業要做好財務管理工作，要著重從以下三方面入手：

第一，要加強財務安排的預算。企業經營規劃，不能太隨意，不能僅憑管理階層的決定，要採用科學的預算程式，根據資本的實際結構狀況，制訂出符合實際的財務預算，並且要根據企業經營形勢的發展需求，即時進行預算調整，使之更能適應企業發展。

第二，加強企業存貨控制。把產品存貨控制在合理的範圍內，不能讓存貨造成資金呆滯，致使資金鏈斷裂，導致資金週轉不靈。

第三，不能重核算，輕管理。要在會計核算的基礎上，建立財務狀況模型，加強對企業經營現狀的資料分析，對財務狀況進行整體控制，為整體經營提供科學依據和資金保障。

【試說新語】

企業財務管理的重要內容是加強財產控制，要努力提高資金使用率，使資金收入與運用有效調配。這就要求充分預測資金使用走向，合理安排資金回籠和支付週期，合理進行資金使用分配；加強內部財產控制，建立健全制度，定期進行審計核查，即時掌握企業資產動態，把財務管理貫穿企業管理的始終，加強對存貨以及應收帳款的管理。同時，加強對財務人員的業務培訓和水準的提升，提高財務管理的能力。並以科學的財務管理為依據，增強企業經營規劃的系統性、科學性和前瞻性。

賢人指路

管理的最高境界就是利潤最大化。

——佚名

向強者看齊

東芝：走動管理，馬不停蹄

在東芝的生產房裡，到處可以看見馬不停蹄，四處走動的管理人員的身影。這些管理人員每天要洗四、五次手，原因很簡單，他們每天不停地在生產現場走動，這裡摸摸，那裡動動，沒有他們看不到的東西，沒有他們走不到的地方，這樣下來，手很容易被弄髒，經常洗手也就是再自然不過的事情了。這是東芝走動式管理的一個分鏡頭，在此不難看出東芝管理的嚴謹性。由於管理人員經常在生產現場走動，這種無形的壓力必然成為員工的一種監督，增強了員工工作的內驅力。長期如此，就養成了員工工作的自覺性，無論有沒有管理人員在場，他們工作都會非常認真積極。

走動式管理是東芝推行精細化管理的重要措施之一，綜觀東芝的精細化管理，可以分成以下幾個方面，包括精細化分析、精細化規劃、精細化控制、精細化核算、精細化操作等。

精細化分析是企業獲得核心競爭力強而有力的手段，是企業制訂策略方針、經營規劃和工作計畫的重要依據和前提，亦是企業經營活動的重要組成部分。東芝的精細化分析，主要是透過現代化的方式和手段，將企業經營過程中可能或已經出現的問題，從多個角度展現出來，並從多個層次去跟蹤，加以周密詳細的分析，並以此為依據提出解決問題策略和方法，制訂出全面提高企業的生產能力和盈利能力的策略和方案。

東芝的精細化規劃也做得非常科學，其中包括決策者根據市場狀況和市場預測，結合企業的實

際情況，制訂的關於企業策略、規模、管理、文化和經營模式，以及利潤增長管道、股東權益等企業發展的目標。同時，制訂出中層管理人員為實現企業目標所需要的工作管理計畫，這些目標和計畫，不僅是合理的、可控的、容易實現的，而且是操作性極強的。

東芝的風險意識、機會意識極強，為此對每一個專案的運作都制訂了詳細科學的流程。從計畫到審核再到執行，以及最後的總結回顧，有一個非常嚴格的規程，從此大大減少了經營失誤的風險，堵塞了可能出現的管理漏洞，增強了管理人員和流程操作員工的責任感，使企業的整個經營過程實現了可控化。

成本意識是東芝每個員工都要具備的素質，每個人都有降低成本的責任，每一個降低成本的建議必須立即論證，在一週內給予答覆。如果切實可行，就要制訂方案，付諸實施。經由成本節約，努力減少企業利潤的流失，確保企業利潤最大化。

走動化管理是精細化操作的一部分，工作的標準化、精細化，使每個員工都能遵守操作規範，並透過監督糾正可能出現的錯誤，確保企業管理的正規化和規範化，確保了企業產品的品質。

走動式管理看似簡單，作用可是巨大的。這種管理是東芝實行精細化管理的保障，運用這種管理，東芝的精細化管理才能落到實處，發揮出巨大的威力來。

第六章

有些花草很俊俏——啟動人力資源的開關

策略29

桃李無言，下自成蹊

——優秀人才是搶來的

企業離不開腳踏實地的員工，更離不開馳騁沙場、開疆拓土的優秀人才。優秀的人才，是企業不可或缺的發展動力之一。

【植物精靈】

桃樹和李樹，從來不說話，可是它們的樹下，常常被來來往往的人踩出一條小路。他們有的是為了賞花，更多是為了樹上香甜的果實。

春秋的時候，魏國有個叫子質的人，博學多聞，官當不下去了，就跑到北方開了個學館，以教書為生。他的學館中栽了一棵桃樹和一棵李樹，凡是拜他為師的學生，都要跪拜桃李樹，發誓好好學習。學生畢業後，到各地去做官，為了感謝恩師，也在自己的院子中栽上一棵桃樹和一棵李樹。這就是桃李滿天下的由來。

企業度過了經濟危機，重新出發，正是大量需要人才的時候。危機使很多人才過剩，這恰恰又是個機會，誰能抓住這個機會，快速行動，網羅到優秀的人才，誰就獲得發展的主動。

優秀的人才為什麼能造就優秀的企業呢？是因為優秀的人才能帶來優秀的發展策略，能帶來優秀的經營管理、優秀的產品和服務、優秀的團隊精神、出色的工作效率、超強核心競爭力，以及廣闊的市場，這樣自然就造就了優秀的企業。由此可見，要想打造優秀的企業，必須擁有優秀的人才隊伍。三國時期，白手發跡的劉備之所以能三分天下有其一，很大的一個原因就是有諸葛亮、關羽、張飛、趙子龍等一干一流人才。國家如此，企業亦是如此。

有人說，人才不是招募來的，而是吸引來的，這話非常有道理。栽下梧桐樹，引來金鳳凰，企業必須有足夠的魅力才能吸引人才的到來。

【案例現場】

在一次招募會上，任曉青對一家生物工程公司產生了濃厚的興趣，她透過對這家公司宣傳資料認真研讀後，瞭解到這家公司以開發研製動物食品為主，工作環境不錯，待遇也很優厚。她想應徵動物營養方面的技術職位，雖然僧多粥少競爭激烈，但因為自己喜歡這工作，所以決定去試一試。她精心準備好自己的履歷，然後就趕往了招募現場。

任曉青來到招募現場，有很多同學排著隊在面試。她發現主考官面前的桌子上，放著三包餅乾。每次主考官翻看完履歷，與同學們交談幾句後，應徵的同學都會拿起一塊餅乾品評一番，然後給主考官一個品嚐結果和意見。

看到這種情況，任曉青感到非常納悶，這家公司生產的產品無一例外都是動物食品，雖然人吃了沒什麼關係，但按照有關制度的嚴格要求，動物食品的外包裝上都要有醒目的提示說明，提醒人不要誤食。關於這一點，公司的資料和宣傳展板上都有詳細的說明，不知為何主考官提出這樣有違常規的要求，任曉青百思不得其解。

等到任曉青面試的時候，主考官問了幾個專業術語，就指著桌子上的餅乾，讓她也品嚐一下。任曉青略微思考了一下，嚴肅地說：「對不起，主考官先生，這個餅乾我不能吃。」她拿起餅乾盒，指著包裝上的說明繼續說：「第一，貴公司的資料、展板，還有餅乾包裝上的說明，都提示這是動物食品，人不能食用。第二，就算我喜歡吃，動物們也不一定喜歡吃，應該根據動物的需求，滿足動物的口味和營養需求。」

主考官聽後，緊緊皺了一下眉頭，很快又恢復了平靜，淡淡地說：「妳回去等著，有消息我們會即時通知妳。」

到了中午，任曉青接到了那家公司打來的電話：「恭喜妳，妳被我們公司錄用了。」

原來，主考官眼前的餅乾是專門設計的主要考察科目，用來考察應徵同學的專業素質。一名動物食品開發研製技術人員，必須具備細心認真的態度，以及對相關業務資訊敏感接受的特質，而眾多應徵同學，認真讀完公司資料展板的人很少，也沒有對公司的業務特點、產品特性進行過研究，所以，都簡單輕率地按主考官要求，品嚐餅乾。只有任曉青做到了有備而來，有依據地向主考官提出了自己不吃餅乾的理由，自然得到了主考官的認可。

一旦某企業發現了優秀人才，並創出突出的業績，必然會成為眾多企業搶奪的對象。所以，如何

留住人才，就成為企業與人力資源市場的一場生死博弈。企業要想留住優秀的人才，不僅要留給人才足夠的馳騁空間，切實保證人才的權益和福利，還要提供足夠精神空間，讓其始終保持精神的自由，以工作為樂，快樂工作，快樂生活。

【試說新語】

企業要想得到優秀的人才，就要有廣闊的視野和長遠的策略，打造一流的企業文化環境，發揮優秀人才的作用，要把優秀的人才當成開疆拓土、生死與共的朋友。大力保護人才的利益，要留給一流人才足夠的施展才華空間，快樂工作的環境，用人不疑，疑人不用，而不能做繭縛之，使之成為人才的活化石，好看無所用。

賢人指路

不知道他自己的人的尊嚴，他就完全不能尊重別人的尊嚴。

——席勒

策略30
紅豆生南國
——把合適的人安排在合適的位置

在企業人力資源管理中，無論是強調員工的態度還是水準，其目的都是為了保證和提高員工的工作效率。有人說態度決定一切，員工抱著什麼樣的態度工作，將會直接影響到他的工作效率。但一個員工工作效率的高低，不僅取決於他的工作態度，還取決於他的工作素質、工作能力，以及適合的工作職位。為此，很多管理者都提出，工作效率就是讓合適的人做合適的事。詩人王維的《相思》寫道：「紅豆生南國，春來發幾枝。願君多採擷，此物最相思。」紅豆因惹人相思，名揚天下，人才也會因在合適的位置，發揮出應有的作用。

【植物精靈】

古代南方有個青年，跟隨部隊出門去打仗，他的妻子就整天站在高山上，倚靠著一棵大樹向北方張望，希望他早日歸來。

因為思念擔心自己的丈夫，妻子天天在大樹下哭泣。後來，淚水哭乾了，眼裡就流出鮮紅的血滴，血滴變成了一顆一顆的紅豆。這些紅豆落地生根發芽，長成了大樹，結滿了一樹的紅豆。一天

一天過去了，青年一直沒有歸來。最後，妻子死在了紅豆樹下，而那些紅豆繼續表達著女人對丈夫無盡的思念之情。因此，紅豆也被人們稱作相思豆。

讓合適的人做合適的事，這句話包含了以下幾層涵義：

第一，合適的人是指抱有積極認真的工作態度，同時又具有完成工作的技能和水準的員工。

第二，把他放在與自身能力和水準相匹配的位置上，同時他服從這個安排，願意在這個位置上努力工作。

第三，他在合適的位置上運用自己的工作技能，出色地完成了任務。

體現在人力資源管理過程中，第一是前提，第二是執行，第三是結果。三者層層推進，最終實現了工作效率的最大化。這是最為理想的人力資源使用模式，人盡其才，物盡其用。但企業在實際的人力資源管理工作中，大材小用，庸才重用，此才彼用，人才錯位現象卻比比皆是。究其原因，當然是多方面，既有人才使用原則態度問題，也有人才選拔機制方法問題。

【案例現場】

引進人才不是目的，合理地使用人才，發揮人才應有的作用，才不會造成人才的浪費。中國鄉鎮企業發跡的美的公司，最初在人才使用上，不可避免地受到家族和地域的影響。美的公司曾因第一個有博士加盟的鄉鎮企業而聞名，但這位博士到來後不久，就因學無所用而悄然離開了。這件事震動了美的決策層，使他們一下子明白了合理開發利用人力資源的重要性，於是打破「人緣、親緣、地緣」的枷鎖束縛，大力招募引進人才，用「能者上，庸者下」的用人機制，全面挖掘人力資源的潛能。

於是改相馬為賽馬，把中層以下的職位，幾乎全部變成了「賽馬場」。凡是加盟美的的員工，都可以自報家門，自亮家底，有什麼本事絕活，能幹什麼，想幹什麼，都可以一一亮出。如果同一個職位有兩個以上的人競爭，就以「打擂」的方式一決高下，勝者勝任，而且這勝利也是暫時的，並非一戰定終生，半年以後，如果有新的挑戰者出現，就要重新「開擂比武」，再決高低。

「能者上，庸者下」這一機制運行之初，可以說在美的掀起了巨大的波瀾，一些被「賽下」職位的「元老」，紛紛找到總裁何亨健，指責他「喜新厭舊」、「過河拆橋」、「卸磨殺驢」。何亨健非常理解他們的心情，不惱不怒，讓祕書搬來一台電腦，放在氣勢洶洶的「元老」們面前，微笑著說：「試試看，你們誰能玩得轉它？誰行，明天就官復原職！」只有小學、國中文化水準的諸位「元老」們，對高科技產品最多也就是看看，哪裡駕馭得了？只能你看看我、我瞄瞄你，無言以對，接受離職的現實。

美的不僅引來了金鳳凰，還為金鳳凰打造了一個施展才華的廣闊舞台。獲得美國福特漢姆大學社會學碩士學位、康乃爾大學社會學博士學位的顧言民，來美的之前，曾在美國紐約新英格蘭公司擔任顧問，為了進軍海外市場、拓展海外業務，美的透過多種管道、多方女力才將他請進公司，成為企劃投資部特聘高級專案經理，專門從事企業投資策劃分析研究。朱彤是從新加坡國立大學畢業的工商管理碩士，加盟美的不久，就被提拔為人力資源部部長，全面主持人力資源部工作。曾有人問

過顧炎民和朱彤，在美的工作是否開心，兩位不約而同地回答，所學之長有用武之地。

很少有員工認為自己的工作能力和所處位置相匹配，他們常常會感覺憑自己才能應該處於更高的位置，應該得到更多更大的重用，為此常懷委屈心、嫉妒心。出現這種心理，並不令人奇怪。擁有了人才並不等於擁有了人才的作用和貢獻，還需要對各種人才合理使用。而且人才也具有可持續發展的特點，隨著工作經驗的累積，工作能力的提高，人才使用位置應該得到相對的提高，這樣才能發揮更大的作用，做出更大的貢獻。

【試說新語】

企業要想確保合適的人做合適的事情，人才合理有序的流動必不可少，只有建立科學有效的人才流動機制，才能使人才總是趨向流往合適的位置。進而樹立員工的服從意識，調動員工的工作積極性，提高員工的滿意度，全面提高員工的工作效率。一個團隊只有各司其職，各自發揮所長，才能形成巨大的合力，才能體現出卓越的執行力，實現企業效益最大化。

賢人指路

天才是各個時代都有的；可是，除非待有非常的事變發生，激動群眾，使有天才的人出現，否則賦有天才的人就會僵化。

——狄德羅

策略31
讓仙人掌不扎手
——因人而異用奇才

現代企業管理中，常常把人才分為四種：一字型人才知識面廣，但專業技能不精；I字型人才，專業技能良好，可是知識面有些狹窄；T字型人才的特長是知識面廣博，專業知識比較精通，綜合能力也比較強；十字型人才不僅知識淵博，涉獵和精通的行業和領域眾多，而且具有很強的學習能力和創新能力。針對四種人才的不同情況，企業應該因人而異，採取不同的使用策略，就像讓仙人掌不扎手一樣，各盡其能，發揮不同的人才不同的作用。

【植物精靈】

仙人掌是適應沙漠氣候環境的精靈，它把葉子進化成刺，一來可減少水分蒸發，二來可以做為抵禦動物吞食的銳利武器。它把莖進化成大大的儲水袋，再把根系擴散到四面八方，汲取少得可憐的雨水。整個仙人掌就是個巨大的儲水系統。

相傳仙人掌是一個勇敢的男子漢，每年七月初一，沙魔都會到他們村搶奪童男童女進食。這一年，仙人掌準備消滅沙魔，保護村裡的孩子，他埋伏在村口，與前來搶奪孩子的沙魔展開了激戰。

交戰中，仙人掌渾身上下中滿了沙魔射來的毒箭，他用盡了最後力氣，用長矛刺中了沙魔的心臟。沙魔一怒之下，把自己化成黃沙埋沒了村子，與仙人掌同歸於盡了。臨死前，仙人掌用心口奮力地護住了一個泉眼，掩護鄉親們逃離了沙漠，並把身上的箭化成一根根刺，用來對付沙魔的爪牙。

人才都是仙人掌，扎不扎手，就看企業如何使用。一個企業的團隊，就是一個由航空母艦、戰列艦、驅逐艦、登陸艇等艦船組成的混合編隊。在航空母艦、驅逐艦和登陸艇實現其效績之前，企業用人把航空母艦引擎裝到了驅逐艦上，或把登陸艇的引擎裝到了航空母艦上，都是不可避免的事情。只有透過其效績檢驗，才能知道人才使用是否合理，是否出現了錯位。

【案例現場】

約翰和史密斯同時被一家大型超市錄用，兩人都被分到採購部，開始從最底層的採購員做起。剛開始大家一樣出力，一樣工作，看不出有什麼不同，可是一年後，情況發生了變化，約翰似乎很受經理青睞，一次一次得到重用，從普通員工到領班，直到部門經理。而史密斯一直默默在採購部做著類似搬運工的工作，好像被人遺忘了一樣。

史密斯很不服氣，終於有一天，他向經理提出辭職，並指責經理待人不公，沒有一視同仁。

經理耐心地聽他發洩心中的不滿，微笑著沒有說什麼。他瞭解這個年輕人，工作勤懇，吃苦耐勞，但總覺好像缺少點什麼。

這時，經理眼前一亮，突然想到了一個辦法，就對史密斯說：「在我批准你辭職之前，你還要做完最後一件工作。請你立刻到市集上看看，那裡都賣些什麼東西。」史密斯二話沒說，轉身去了。很快，他就回來報告說，市面上很冷清，只有一個農民拉了一車馬鈴薯在賣。經理問：「一車有多少袋？」史密斯又立刻跑了出去，回來說：「十袋。」「品質如何？價格多少？」經理又問，史密斯只好再次跑出去。

當史密斯氣喘噓噓跑回來的時候，經理說，「年輕人，你先歇歇，我再安排約翰去看看。」於是，經理叫來了約翰，安排他說：「約翰，你現在就去市集看看，今天都有什麼可買的。」不一會兒，約翰從集市上回來，向經理彙報說：「到現在為止，只有一個農民在賣一車馬鈴薯，有十袋，一百一十六斤，品質不錯，價格適中，而且價格還可以商量，我帶回幾個樣品，請經理過目。」說完，他把幾個馬鈴薯放在經理面前的辦公桌上。約翰接著彙報說：「我認為他的馬鈴薯價格還蠻公道的，認為您可能會進一批貨物，所以我把那位老農也帶來了。經理要不要見見他，和他談談？」

這時，經理扭頭看了一眼史密斯，只見史密斯已經滿臉通紅。經理回頭對約翰說：「請老農進來吧！」

經理對約翰和史密斯的任用並沒有錯，他是根據個人的才能，量才使用。晉職激勵原則的普遍使用，常常遵循「彼得原理」——在各種組織中，由於習慣於對在某個等級上稱職的人員進行晉升提拔，因而雇員總是趨向於晉升到其不稱職的地位。這一現象常常讓員工產生錯覺，認為自己比同事、上司能力更強，水準更高，理應得到更高的位置。員工的這種心態，既有正面的激勵作用，促使其更加努力地工作，向著更高的目標邁進，也有其負面的消極影響，牢騷、抱怨，甚而對工作產

生厭倦情緒，造成工作職責缺失，破壞企業的工作環境和氣氛。

【試說新語】

企業要因人而異地使用人才，重職責、重效績而輕等級，善用人才流動機制，使流動成為常態，讓員工心中的不平積澱逐漸消除，並擺正自己的位置感，進而努力完成自己的工作，提高工作的效率。

賢人指路

必須讓有天分的人獨立，而人類應當深刻地掌握一條真理，即人類要使有天才的人成為火炬，而不要讓他們放棄真正的使命。

——聖西門

策略32 鐵白樺防腐

——建設一支過硬的團隊

任何一個企業都離不開團隊，如果企業是船，團隊就是水手。企業要想在經濟復甦中謀求發展，就像船要前進一樣，離不開團隊的集體努力。團隊是企業的核心，團隊精神就是企業的靈魂。企業要打著一支超強的團隊，就應該像鐵白樺一樣，塑造過人的品質。

【植物精靈】

鐵白樺是一種不為人們所熟知的樹木，這種樹木木質堅硬，子彈也難以打穿它，它的抗彎強度幾乎超過了熟鐵，所以人們為它取了個名字叫鐵白樺。鐵白樺經過一百八十年或兩百年的生長，可以長到二十公尺左右的高度，樹莖可達六十五公分粗細。用這種樹木加工船體，完全不用塗刷油漆，它既不怕酸，也不會生銹，自身具有非常好的防腐功能，這一神奇的樹種，已經被視為俄羅斯的國寶。

鐵白樺因自身過硬的品質，贏得造船企業的青睞，企業團隊也應該如此，用過硬的品質，打贏企業復興之戰。企業團隊是一個群體，而一個群體不一定是團隊。團隊區別於群體的主要因素就是團

隊是一個組織，而且是有著一定紀律要求的組織。一個群體可能是一盤散沙，而一個團隊則是一個有機體。因此，一般的團隊都有共同的價值觀，遵守相同的組織紀律，在相同組織紀律要求下，統一意志，集體行動，依靠集體的力量達成某種目的。在此基礎上形成的團隊精神，要求每個團隊成員凝聚成遠遠大於個體力量的巨大合力，解決個體難以解決的問題和矛盾，向著團隊的整體目標前進。由此不難看出，團隊的精髓就是服從：個人服從集體，下級服從上級，基層服從核心，局部服從大局。一個成功的企業，必然擁有一個優秀的團隊，而一個優秀的團隊，一定是組織結構合理，意志統一，紀律嚴明，團結互助，充滿凝聚力的團隊。這樣的團隊，才有超強的執行力。

團隊精神是一家企業管理思想的最本質體現，一個有生命力的企業，必定具備強大的凝聚力。缺乏團隊精神，擁有再高超的技術和再美好的願望也於事無補，試想一下，儘管企業擁有最先進的理念，卻無法讓員工接受，結果只能等於「零」！企業的決定因素正在於此，雄厚的資金也好，高科技的技術也罷，如果企業是一團散沙，人人為我，你做你的，我做我的，或者互相中傷，彼此攻擊，怎麼可能發展？

日本企業十分重視團隊精神的作用，無論是松下、豐田這樣的大企業，還是很多規模較小、起步較晚的小企業，他們無不強調團隊的力量。

【案例現場】

二十世紀，可攜式隨身聽曾被譽為最成功的消費品發明之一，它引發的銷售熱潮創下了一個世界紀錄。

最初，可攜式隨身聽在市場上取得巨大成功之後，SONY公司決定繼續進行研究，把隨身聽的體積縮到更小，更方便顧客攜帶。不用說，這項任務自然交給了高篠靜雄帶領的科研小組。

可是經過許多次嘗試，仍然無法把隨身聽縮小到磁帶盒大小。這時，科研小組中有人不免產生懷疑，高篠先生對研發人員說：「我把隨身聽放到水桶中，如果沒有氣泡冒出來，說明確實沒有任何空間了。但如果有氣泡出來，說明裡面還有空間。」說完，他將隨身聽放進水桶中。

當然，水桶裡冒出了氣泡。這時，所有人都不再說什麼，只好默認隨身聽裡還有空間，於是繼續絞盡腦汁進行技術攻關。最後，像磁帶盒般大小的隨身聽終於研製成功。

團隊精神給予企業一種無形的凝聚力、塑造力，即便企業暫時遇到困難、資金緊缺，或者技術偏低，都不至於垮台。良好的技術、特長固然很重要，但絕不等同於人才，有位企業家在談到人才時曾感慨：我寧肯要一些學歷不高，但品質好、顧全大局的人，而不會選擇那些品質差、從不顧及他人的專業頂尖人士。

很多時候，一個無法融入集體的「專家」，對企業發展可能有著短期效益，從長遠來看，卻很可能影響到企業文化，動搖企業根基，出現不少弊端。

惠普一位資深經理說：「有一件事我們十分有把握，那就是流暢平易的溝通方式，讓大家彼此能夠自由自在地互相交談，是非常重要的，這是我們做任何事情的基礎。」溝通是互相瞭解的保障，為此不少公司將溝通制度化，諸如例行晨會、定期全體員工大會等。

【試說新語】

企業打造團隊精神，可以透過企業文化帶動員工的團隊精神。走進企業，大家就是一家人，企業應該一視同仁，為每位員工提供相同的環境，不能有所偏差。不同的待遇是造就不公的溫床，誰也不肯為這樣的企業賣命。得到好處的人會認為這是應該的，得不到好處的人會覺得委屈。公司應該懂得每個人的價值取向是不同的，將他們整合到一起，那就是公司的目標。做到這一點並不容易，聰明的公司可以利用溝通、交流等多種方式達成。

賢人指路

錯誤在所難免，寬恕就是神聖。

——波普

策略33 山丹丹花開紅豔豔

——留住人才就是留住未來

「讓人才感動」，是很多企業管理中經常喊出的一句話，這句話上升到哲學的高度，就是以人為本。但要做到這一點，並非易事。如何留住人才，一直是企業頭疼的問題，解決不好這個問題，企業要想長期穩定發展，就會變得困難重重。

【植物精靈】

據傳，有一年黃土高原上鬧災荒，人們生活貧困，日子過得非常艱難。有一天，人們聚集在一起，跪倒在山坡上，祈禱上蒼能開恩降福，為老百姓指出一條活路。

過了沒幾天，在一天夜裡，人們忽然看見天上墜下無數繽紛燦爛的流星，不由得紛紛稱奇。第二天一早，這些人像往常一樣，拖著饑餓又疲倦的身體，無精打采地來到山坡上工作。這時他們突然發現，荒涼貧瘠的土地上，竟然開滿了紅豔豔的山丹丹花。人們備受鼓舞，紛紛投入到開荒生產之中，修渠築壩，挑水抗旱，經過辛勤的勞動，果然得到了好的收成。

山丹丹花因為火紅豔麗，激發人們激情向上的精神，而受到青睞，人才也因為對企業的經營的獨

特作用，而受到企業的關注。企業與人才，是魚和水的關係。企業這池水，能否養好人才這群魚，一方面要看企業對人才的重視程度，是否尊重人才、關心人才，把人才看成企業的主人；另一方面還要看企業人力資源操作的政策和措施，包括人才的職業規劃、培訓、薪酬、福利等等。

一七六四年，十四歲少年華盛頓，在自己家石頭房子後面栽了一棵蘋果樹，他父親看到後就對他說：「你要想吃到蘋果，就應該把它種在陽光溫暖的地方，並且要經常給它培土澆水。」父親轉身離開時，又說了一句話：「如果你幫助它得到它想要的，你就能得到一切你想要的。」父親的話對華盛頓的一生影響很大，成為他民主建國的思想源泉，被他反覆引用，最終造就了影響整個世界的美國民主制度。企業管理同樣如此，如果你能幫助員工得到他們想得到的，員工就會幫助你得到你想要的一切。經營人心，是企業管理者的必修之課。

企業如果能讓人才感覺受到了應有的尊重和關心，同時保障人才的薪酬和福利等物質利益的收入，就能換來人才的敬業和奮鬥，就能使他們和企業融合在一起。反之，企業與人才隔閡嚴重，人才離心離德，那麼企業也將會陷入被動，導致聲譽受損，經營受阻，業務下滑，甚至虧損破產。

【案例現場】

二〇〇四年六月，在中國經營近十五年的世界四大會計師事務所之一的普華永道，遭遇到了前所未有的麻煩，始發於北京辦事處，並已經持續了二十多天的集體怠工事件，不斷波及上海等其他區域，大有蔓延之勢，令其中華區的管理者們焦頭爛額，無可奈何。他們不得不面對接踵而至的現實：業務延期、接單數量銳減、效益大幅度滑落等，究其原因，不外乎勞資糾紛，企業公布的每年例行薪資調整方案，與員工努力創造的營業額之間的落差過大，與其他三大會計師事務所的調薪幅度相比，又相差太多。更令員工不滿的是，○四年事務所的中國區業務量猛增，連續獲得諸如中國銀行這樣的大客戶高達數千萬美元的審計大單，猛增的業務迫使員工大量加班，常常通宵達旦，夜以繼日，如此巨大的工作量，雖然為事務所帶來了高額的利潤，但員工得到的實惠卻很少。而且事務所對員工尊重不夠，員工代表多次與領導階層交涉，領導階層卻遲遲沒有拿出任何令員工信服的行動，導致員工怠工潮不斷擴大蔓延，幾乎波及到整個中國區。如果這場危機得不到即時化解，那麼普華永道良好的商業信譽、百年品牌，將會受到嚴重傷害，事務所的發展，就會受到嚴重的阻礙。

普華永道之所以發生員工怠工事件，並非偶然，做為享譽世界的著名會計師事務所，依靠員工的知識和智慧進行腦力勞動的諮詢企業，理應把人放到第一位。尊重員工，尊重他們的勞動，而不是僅僅把他們當成簡單的廉價高級工人。應該讓他們享受到工作的業績和由此獲得回報所帶來的樂趣，讓他們感到勞有所值，才能調動其工作的積極性。

如何抓住人心，贏得人心，令人才心服口服、心甘情願地努力工作，企業要在努力提高人才的工作滿意度上，下足工夫。一般來說，人才在企業的工作滿意度，決定於三個方面的因素，即期望、承諾和表現。期望是人才基於對企業的形象認識所產生的利益預期；承諾是企業承諾給人才的、並能完全兌現的工作報酬和福利待遇；表現是人才對企業整體經營效果、管理水準和兌現承諾等的綜

合形象的直觀感受。一個企業要想在人才心目中樹立好的形象，就需要給予人才合理的期望，認真兌現承諾，並重視實際良好的表現。

【試說新語】

企業要想留住人才，就要從各個層面關心人才的工作和生活，令人才心存感動，進而全身心地投入到工作中去。例如國際知名企業摩托羅拉，為了緩解高壓力工作對員工家庭和睦帶來的不利影響，常常定期組織員工家屬進行聯誼活動，增強員工的歸屬感；國際知名諮詢公司羅蘭貝格，為了讓員工有一個盡可能好的感受，要求員工出差時，必須入住五星級以上酒店。透過這些細節，企業很容易觸發員工情感上的認同感，對企業心存感動，自然就能激發其工作的熱情，增強責任感和奉獻精神。

賢人指路

要使山谷肥沃，就得時常栽樹。我們應該注意培養人才。

——約里奧．居里

向強者看齊

品味行銷：把生活方式賣給富豪

富豪們需要什麼樣的生活？遊艇、私人飛機、海島、高山滑雪，這些對他們已經不新鮮，馬球、高爾夫、滑翔傘、熱氣球、限量版轎車、雪茄、紅酒、派對，也已經是他們生活的常態，那到底什麼樣的生活方式，才能被社會公認為上流社會的象徵，而令眾多的富豪們趨之若鶩，甘願掏自己鼓鼓的腰包呢？

如果你的企業把這些富豪定位為贏得利潤的目標，那不妨可以嘗試著把預示未來的上流社會的生活方式，推銷給他們。其中要遵循的原則就是推銷的手法要別出心裁，充滿品味，要從精神層面上對他們的心靈進行深度觸動。

首先，從事一些簡單點的工作，把那些能夠把人們包裝成上流社會的「符號」賣給他們，例如遊艇、帆船、馬球、大洋深處的某個隨時可以被淹沒的荒島，只要能顯示身分，那些財富新貴們並不介意昂貴的價格。

其次，要講究行銷的策略，例如贊助高雅的社交活動，這時候推銷的是慾望、地位和夢想，但不要忘記為其戴上藝術的光環，因為藝術就是品味。高貴與藝術結合，就是上流和尊榮。當然可以藉助名人發揮一下名人效應，例如老虎伍茲、舒馬克、布蘭森、邱吉爾，因為他們標誌著高爾夫、F1賽車、熱氣球、雪茄。站到他們身邊，你就站在了影響力的前端，他們推動的生活方式，就是富

豪們想要效仿的生活方式。創造極致體驗的機會，方式有展示會、賽事等，尤其是給那些富豪榜的新寵們，這樣的機會能讓他們對上流社會的生活方式產生感性認識，為推銷高品味生活方式埋下伏筆。這裡面還包括各式各樣的品評會，例如品酒、製作巧克力、捲雪茄菸，讓他們品味一下高雅的樸素人生，得到極致的平凡體驗。

最後，建立高級俱樂部，這將是上流人物聚集的社會小圈子，這種俱樂部，重要的是入會資格，除了馬球、遊艇、熱氣球、高山滑雪等常規富豪俱樂部，完全還可以另闢蹊徑，搞一些分享奢華的俱樂部，共用世界各大名牌的極品產品，這對於那些講究多樣性生活的富豪們，是個充滿誘惑的辦法。

準備好這一切，下一步就是推出你自己創造的上流社會的生活方式了。這一行銷活動，要選準一個在富豪社會有強大感召力的高級品牌，並圍繞這一高級品牌營造新的生活方式，高貴的、品味的，有時應該是奢華的。但這些都是金錢能夠買到的，例如頂級品牌跑車藍寶堅尼，就藉助跑車的光環為其進行貴族化的配套，設計出藍牙耳機、香水、咖啡，以及高跟鞋。這一切產品，都應帶有藍寶堅尼跑車的味道，適應藍寶堅尼營造的生活氛圍，這就側面告訴人們，開藍寶堅尼跑車，當然不能隨便喝別的牌子的咖啡，哪怕是同樣高貴的咖啡也不行，因為那樣高貴得不夠純正。

要做好這一切，必須要牢記的是，你賣的不是產品，而是一種高貴的生活方式，只有方式高貴，才配身分高貴。

第七章

有些花草學變身——給創新施點魔法

策略34

順藤摸瓜

——人才是創新的基點

所有的創新都是人的行為，企業創新，當然離不開人才。創新能力是一個優秀人才必備的素質，一種基本的工作能力。所以，企業使用人才的目的，就是為了人才帶來的創新，沒有創新，人才就失去了應有的意義。抓住了人才，就如同抓住了瓜藤，下一步的工作，就是順藤摸瓜，激發出人才的創新能力。

【植物精靈】

傳說，天上有一個瓜神，特別愛吃西瓜，不管是誰家的瓜地，只要被他發現有要熟的瓜，都要去偷吃。瓜神的鼻子特別靈，在天上睡覺也能聞到西瓜熟了的瓜香，種瓜的老漢們都恨透了他。有一天，鐵拐李路過瓜地，聽了種瓜老漢們訴說瓜神的可惡，就打算教訓一下他。

鐵拐李把一顆熟了的西瓜，埋在地下，等待瓜神來偷。果然，天剛黑，瓜神就下凡了，可是他聞到了瓜香，卻找不到瓜，就抓住瓜藤，順著藤摸索。突然，他的手被瓜藤纏住，越纏越緊，怎麼扯也扯不掉，最後瓜藤勒得他疼得滿地打滾。這時候，鐵拐李走了出來，瓜神連連求饒，答應以後再

也不為害百姓了。

順藤摸瓜，發揮人才的創新能力，是企業謀求發展的重要思路。企業要充分調動人才的創新積極性，使人才充滿創新的激情和創新的靈感，促使其提高工作效率，解決一個又一個工作的難題，進而取得優異的工作成績。

企業的信任，是人才創新的內在動力，創新是對信任的最佳回報方式。對於一個企業團隊來說，紀律是團隊的靈魂，當所有人才服從於企業的目標，服從於企業的要求，那麼，企業就應該下大力氣建構一個有利人才發揮自身才能的文化環境和創新氛圍。同時，這也是一個企業團隊建設的重中之重和迫在眉睫的任務。

【案例現場】

「抱娃」是一種黑皮膚的玩具娃娃，初到日本，並沒有得到人們的認可。雖然「抱娃」的經銷商佃光雄在雜誌上刊登了大量的廣告進行宣傳，並跑遍了大大小小的百貨公司進行推銷，依舊無人問津。他只好把這些「抱娃」堆積在倉庫裡，任由其大量積壓，毫無辦法。

佃光雄的養子看到這些積壓的玩具，也替父親發愁。在一個偶然的機會，他發現百貨商場裡那些身穿泳衣的女模特兒模型，都有一雙雪白的手臂，於是想到了與「抱娃」黑白強烈的對比。如果把黑皮膚的「抱娃」放在模特兒模型雪白的手臂裡，那將是多麼醒目啊！有這樣刺激的對比，人們想不喜歡「抱娃」都不可能。

於是，這位小青年把自己的想法告訴了父親，父子倆一起來到百貨商場，說服了商場經理，他同意讓每個泳衣模特兒模型的手裡都抱著一個「抱娃」。這一招果然奏效，凡是看到這一驚人效果的年輕姑娘，都會紛紛圍上來，讚不絕口，情不自禁地詢問售貨員：「這個『抱娃』真漂亮，哪裡能買得到？」很快，抱娃成了百貨商場的搶手貨。

緊接著，這位青年乘勢而上，又想了一招，他和父親聘請了幾個皮膚白皙細嫩的靚麗女孩，身著夏季時裝，手中抱著「抱娃」，出現在東京最為繁華的街道上。這一舉動立即吸引了大量的行人駐足觀賞，並驚動了新聞記者，他們紛紛前來採訪。第二天，各大報紙競相刊登有關「抱娃」的照片和報導，在東京掀起了一股「抱娃」熱。佃光雄不僅將積壓的「抱娃」銷售一空，還重新購進了大量的「抱娃」，賺取了非常可觀的利潤。

這次「抱娃」銷售的成功，來自於養子的大膽創新。佃光雄認為養子是一個不可多得的經營人才，就讓他出任經理，把買賣都交給了他。

隨著經濟的發展，市場競爭的加劇，是否具有強大的創新能力，已經成為評價企業的重要標準，美國《財富》雜誌就曾提出，「創新是一種對新思想、變化、風險乃至失敗都抱歡迎態度的企業行為方式，這種行為方式必須滲透於企業管理上才能發揮作用。」這就指出了企業創新管理的重要性問題。對於人才來說，創新的目的不是為了完成任務，不是為了創新而創新，創新是員工的一種思維方法，一種工作的策略，一種學習的階梯，一種進取的精神。對於企業來說，創新管理實際上就是對企業生命的培育和維護，是企業生命的保障。

【試說新語】

黑格爾曾經說過：「如果沒有熱情，世界上任何偉大事業都不會成功。」對於耗神費力的創新來說，熱情更是不可或缺。企業信任人才，培養人才，進而激發人才的創新激情，是維持企業活力，提升企業執行力，確保企業實現經營目標的最有效的力量源泉。為此，企業要樹立以人為本、以人為先的理念，摒棄短視盲見、急功近利的浮躁心理和急躁作風，支持人才在學習中機動創新、智慧創新，並將創新和解決問題相結合，儘快把創新成果應用到工作實踐中去，轉化成提高工作效率的孵化器和加速器。

賢人指路

創新應當是企業家的主要特徵，企業家不是投機商，也不是只知道賺錢、存錢的守財奴，而應該是一個大膽創新、勇於冒險、善於開拓的創造型人才。

——熊彼特

策略35 棠棣樹上結鴨梨

——嫁接是創新的好辦法

企業創新管理，是企業管理的重要內涵，貫穿於企業經營的始末。如何調動人才的積極性，進行全面創新和全員創新，是企業在經濟復甦後快速佔領市場，謀求發展的必經之路。創新方法也是創新管理的重要課題，創新的方法很多，一些植物的成長，會給人們帶來創新的啟示，例如果樹的嫁接。

【植物精靈】

果農為了提高水果的品質，改良品種，都會採用嫁接的方法。用棠棣樹苗，嫁接梨樹枝條，就是方法之一，這種辦法能讓棠棣樹結出鴨梨來。

華佗是古代家喻戶曉的名醫，有一次他在一座大山中行醫，發現山裡人都得了一種怪病，咳嗽不止，渾身乏力。華佗經過長時間摸索，發現用鴨梨熬水飲用，治療效果比較好。可是由於水土氣候等原因，鴨梨樹在山裡栽種很難活成，但山裡的棠棣樹很多，於是，華佗和當地人一起，試著把鴨梨樹枝嫁接到棠棣樹上。果然，很多鴨梨樹枝都活了下來，並且結出的鴨梨非常好吃。華佗用這些

鴨梨，慢慢治好了山裡人的病，果樹嫁接的方法，也因此流傳了下來。

企業人才的創新活動，是一種智力勞動，需要具備相對的條件。採用的創新方法也很多，總結起來，人才要實現快速創新，除了具備高度的責任心、充足的知識儲備、實踐累積的豐富經驗、積極主動激發的靈感火花，還必須克服創新的三個障礙。

第一，過於自我的自負心理。這種心理往往是創新的巨大障礙。自負令人無法看到新鮮的事物，對周圍的環境變化視若無睹，麻木不仁，難以發現新的東西，受到新的啟發。

第二，克服直線經驗主義。創意的靈感產生，並非沿著直線前進，往往會迂迴繁複、旁逸斜出、不斷變化，所以創新要善於捕捉機會，從宏觀著眼，微觀入手，迂迴包抄、多點激發、左右兼顧，跳躍前進。

第三，克服逆變心理。所謂逆變心理，就是抗拒改變心理，這種心理是人們普遍具有的，根深蒂固，長期累積的一種心理。尤其是獨立個性不強，依賴心理嚴重的人，這種心理表現更強烈。

克服了這三個障礙，創新才能得以實施，並取得成效。

創新要有創新思維，一般來說，包括六種思維，即發散思維、收斂思維、想像思維、聯想思維、邏輯思維、辯證思維。利用這六種思維，就會產生六種創新的方法，包括列舉創新法、設問創新法、聯想創新法、組合創新法、類比創新法、頭腦風暴法。而採用嫁接的方式進行創新，就是這六種創新方法的綜合利用。

【案例現場】

上個世紀五〇年代的時候，佛雷化妝品公司壟斷了美國黑人的化妝品市場。有一個只有五百美元資產，三名員工的新成立的小公司——詹森黑人化妝品公司，試圖擠進這個化妝品市場。他們生產一種粉質化妝膏，為了銷售這種產品，在黑人化妝品市場上分得一杯羹，他們絞盡腦汁，終於搞出了一個創意，那就是搭上佛雷的便車，站在它的肩膀上摘果子。為此，他們刊登了這樣的廣告：「當您用過佛雷公司優質的化妝品後，如果再擦上詹森粉質化妝膏，您將會收到一個令您意想不到、開心無比的效果。」

詹森此舉遭到了眾位同事的一致反對，他們認為，這樣為佛雷公司吹捧，是滅自己的威風，根本不會有好的效果。詹森耐心地對同事解釋說：「正因為佛雷的名氣這麼大，我們才需要這麼做。打個比方來說，現在整個美國，很少有人知道我詹森的名字，如果我和總統站在一起，眾人就會關注我，留意我，記住我，我就會家喻戶曉，名揚天下。同樣道理，推銷產品也是如此，佛雷公司盛名已久，幾乎壟斷了市場，我們的產品與他們的產品放在一起，我們的名字緊跟他們的名字，實際上抬高了我們的產品，表面上看是吹捧佛雷，客觀上是在宣傳我們自己，既不能引起佛雷的反感，又提高了我們的聲望。」

這一次嫁接非常成功，詹森公司很快藉助佛雷的市場發展壯大起來，最後居然擊敗了佛雷公司，而成為美國黑人化妝品公司的霸主。

詹森的成功得益於一次嫁接法的創新。一般來說，企業創新的過程要經過四個步驟：

第一步，要激發靈感，產生創意，實施創新，這一時期要釐清創新能力、創新資金、創新管理、技術儲備等企業資源狀況。

第二步，要認真評估創新的價值，細化、完善創新思路，制訂出詳細完善的實施創新方案，使創新活動具體化，透過企業的銷售通路，銷售管道和經營隊伍，實現創新的邊際效應。

第三步，對創新進行實施操作，並經過實踐檢驗其效果，檢驗方式就是從顧客需求入手，看其能否滿足顧客需求。

第四步，全面應用，大規模市場推廣，這時要做好財務規劃，統籌安排，切實保障創新成果順利實施，順利實現創新的效益，進而實現企業的規模效益。

【試說新語】

企業要謀求發展，唯創新一條路，創新要快捷迅速，要精益求精，要深入準確，一創中的，一創出新。要做到這一點，企業必須發揮團隊精神，增強人才服從意識，從大局出發，充分發揮主觀能動性，進行集體創新，碰撞出一串串靈感的火花，使創新發揮出企業發展核動力的作用。

賢人指路

對於創新來說，方法就是新的世界，最重要的不是知識，而是思路。

——郎加明

策略36
橘生淮北則為枳
——創新要適應市場

企業創新的目的，就是為了適應市場的發展，滿足市場的需求。經濟危機過後，市場留下了很多空白，市場需求漸趨旺盛，這個時候，哪個企業即時創新，適應市場要求，哪個企業就會在經濟復甦、風起雲湧的市場中，搶佔有利地位，抓住發展的機遇。為此，企業的創新要適應市場的需求，而不能橘生淮南則為橘，到了淮北就成枳，不能適應市場，早晚就會被淘汰。

【植物精靈】

晏子出使楚國，楚王為了從氣勢上壓倒晏子，就在宴請晏子的酒席上，故意讓手下人押解著犯人從門外經過。然後楚王問押的是什麼犯人，手下回答說是齊國的人，犯了偷竊罪。這樣，連續有兩個犯人從門外經過，手下的人回答都一樣，都是齊國的人在楚國當盜竊犯。

楚王聽了，就問晏子：「是不是你們齊國人都擅長偷竊啊？不會人人都是小偷吧？」意思是你晏子到我們楚國來，也是想偷什麼東西。晏子聽後，神色安然，談笑著說：「不知大王你聽說過沒有，橘子生長在淮河以南，就是桔子，挪到淮河以北後，就變成了枳子。雖然葉子長的還是一樣，

但味道已經完全不同了。這就說明，不是橘子本身出了問題，是淮北的水土令橘子變成了枳子。齊國人在齊國都是好人，來到楚國就變成了小偷，難道是楚國的水土適合養竊賊嗎？」

楚王聽了很尷尬，知道自取其辱，就不敢再得罪晏子了。

企業的任何創新活動，只有適應了市場需求，才會創造出效益。如果創新成了橘子生到淮北變成枳子，不能適應市場，那就說明企業在創新管理上出了問題。創新管理貫穿到整個企業管理當中，從三個層面三種內涵上展開：一是管理思維、管理模式、管理體制、管理方法的創新；二是對企業團隊、個人創新活動的管理；三是創新型管理。這三方面互相關聯，互相作用，是不可分割的整體。所有的管理都是為了樹立整個企業的整體利益的訴求模式，在服從整體利益的前提下，為了整體利益實施創新管理和創新工作。所以，目標不同、利益不同，管理的理論和方法也會不同，沒有一成不變、放之四海而皆準的管理理論和方法。因此，創新管理本身就是一種符合事物發展規律的創新，創新適應了市場，就為企業打通了全面佔領市場的快速通道，才能創造出應有的效益。

【案例現場】

有三個閒居在家的年輕人，共同商量出門尋找發財之路。他們來到一座大山裡，發現這裡出產一種蘋果，個大皮紅，果形漂亮，吃起來還味道甜美，一看就是優質產品。但由於地處大山深處，資訊閉塞，交通不便，這種蘋果只在當地有少量銷售，價格十分便宜，多數都是當地人自己食用。

第一個年輕人花光了所有錢，買了幾噸蘋果，販運到老家，以很高的價格銷售了出去，這樣買賣了幾次，就成了當地有名的有錢人了。

第二個年輕人購買了三百棵樹苗，運回家後，承包了一片山坡荒地，栽上樹苗，精心管理，頭幾年只有投入，沒有產出。

第三個年輕人只是找到了蘋果園的主人，花幾元買了一包蘋果樹下的泥土，把泥土帶到了一個農業土壤研究機構，化驗分析出泥土所含的各種物質成分，以及成分的比例，土壤的溼度等指標。然後也在家鄉附近，尋找了一塊合適的山坡，承包下來，用了幾年的時間，開墾、改良土質，培育出跟山裡蘋果園一樣品質的土壤，然後栽種上優質的蘋果樹。

十多年後，三個年輕人的情況發生了變化：

第一個年輕人仍然去大山裡販賣蘋果，由於交通的改善，資訊的發達，販運蘋果的人多了起來，山裡的蘋果也已經漲價了，他的利潤已經降到了最低，收入微薄。

第二個年輕人的果園早已果實累累，雖然由於土壤的差異，品質不如山裡的蘋果，但利潤還是不錯，逐漸累積了一些財富。

第三個年輕人，果園也已經進入了盛果期，由於進行了土壤改良，結出的蘋果完全能夠與山裡的蘋果媲美，所以利潤豐厚，財源滾滾而入，發展前景廣闊。

三個年輕人的創新，由於對市場的適應程度不同，帶來三種不同的結果，所創造的價值和利潤也有很大不同。

市場的需求層次是不同的，所以企業的創新要與市場需求的發展趨勢相一致。既要有策略眼光，

又要有戰術措施，緊扣市場需求，使創新時刻適應市場。所有的創新都具有當下性和時效性的特點，這就要求創新必須具有超前性，就像那個購買泥土的年輕人一樣，找好市場的提前量。

創新活動管理，是企業管理的核心任務之一。團隊和員工的創新能力，是服從意識的真實體現，是企業凝聚力的重要保證，是企業執行力的源泉，是企業競爭力的核心。一個企業最糟糕的表現，莫過於缺乏創新、死氣沉沉、不思進取、喪失活力。這對一個企業來說，無疑拉響了危險的警報，當前國際企業界流行一句口號，「不創新，即死亡。」絕非危言聳聽，而是創新對企業重要性的真實寫照。

【試說新語】

企業要做到適應市場，快速創新，提前創新，就要求員工必須主動創新，積極創新，以創新為己任。而要保證這一點，必須讓員工樹立牢固的服從意識，絕對服從企業的目標和要求，想企業所想，急企業所急，與企業的策略目標、經營思路保持高度一致。這樣的創新才會發揮關鍵效力，幫助企業贏得先機，或者度過難關。

賢人指路

創新，可以從需求的角度而不是從供給的角度給它下定義為：改變消費者從資源中獲得的價值和滿足。

——彼得．德魯克

策略37

七彩辣椒色繽紛

——滿足顧客精神需求

顧客就是市場，顧客的需求是多層次的，既有物質需求，也有精神需求。經濟危機過去，顧客的需求也會由簡單的物質需求，向物質需求和精神需求結合的方向發展。同時，精神需求的增強也為企業的創新提供了新的機會和新的要求。

同樣是滿足人們飲食所需的椒類，由於僅僅改變了顏色，讓原來的紅、綠兩種顏色，變成赤、橙、黃、綠、青、藍、紫七種色彩，立即就會受到市場的歡迎，這就是創新滿足顧客精神需求的魅力和價值所在。

【植物精靈】

七彩辣椒已經不是奇聞趣事了。最初種出七彩辣椒的，是以色列一家蔬菜種子公司。研究人員透過一定的技術手段，改變了辣椒色素的成因，使那些辣椒的顏色變得五彩繽紛，不僅能增加人們的食慾，還令人們心情舒暢。七彩辣椒問世後，不僅僅做為蔬菜供人們食用，還發展成了一種觀賞植物，用來妝點人們的生活世界。七彩辣椒的有趣之處在於，在一棵辣椒植株上面，會結出不同顏色

的辣椒。這一創新，賦予了辣椒新的使命和生機，為人們帶來了新的快樂和滿足。

七彩辣椒是一個成功的創新，它的成功就在於賦予了辣椒新的功能，滿足了人們精神層次的需求。

創新是為了實現企業的效益，所以企業的創新管理，就不能單純停留在自己企業內部的苦思冥想，閉門造車的層面上，必須深入到市場，深入到人們的生活當中去。即時瞭解、即時捕捉顧客的消費心理變化，把握顧客的精神需求脈搏，知道顧客想要什麼，知道自己能夠給予顧客什麼，這樣才能使創新有的放矢，集中資源少走冤枉路，打造出適銷對路的產品來。創新，就是為了更好地滿足顧客的需求，為企業創造效益，離開這一點，創新就是無用，就是資源浪費。

顧客的精神需求是多層次的，所以企業創新也該是多角度，全方位的。有的顧客追求視覺享受、有的顧客追求心理滿足、有的顧客看重高品味、有的顧客講究生活情調，針對顧客的不同精神需求，圍繞主流需求進行創新。這樣就會使企業的產品和服務，更貼近市場，更能創造更大的利潤空間。

【案例現場】

法國未來海報公司，是一家有名的廣告公司。公司創立之初，就進行了一次創新宣傳，並透過這一創新，使自己一夜成名，迅速崛起。他們的創新方法是，先在一條繁華大街的醒目位置，張貼了一幅巨大的海報，海報上面繪製了一位身材苗條的美女，身著三點式泳裝，靚麗迷人。在美女一側寫著一行醒目的字：九月二日，我將脫去上面的泳衣。人們駐足觀望，議論紛紛，咋舌稱奇，互相傳告。

九月二日一大早，好奇的人們紛紛跑到海報前一看究竟，果然，上面的美女脫去了泳裝上衣，袒胸露乳。美女的身旁又換了一行字：九月四日，會給您一個驚喜，下面的泳衣也將被脫掉。

九月四日清晨，好奇的人們早早來到海報前，只見美女已經一絲不掛，但已經轉過身去，用一個漂亮的背影，帶給人們無限的遐思。美女旁邊，一行新寫的字格外突出：「說到做到，未來海報！」該公司用此奇招，頓時名聲鵲起，業務也紛至沓來，很快就在海報廣告業站穩了腳跟。

創新是種子，效益是碩果。春種一粒粟，秋收萬顆籽。創新觀念淡漠的企業是一片散沙，種不下創新的種子，長不出創新的幼苗，當然結不出效益的果實。

很多企業經營中遇到困難，往往不是想辦法解決，而是逃避或尋找靠山，缺乏面對困難勇氣。這種心理常常伴隨著公司的成長而產生，例如很多初創小公司，勇於創新，大膽求變，充滿了生機和活力；而一旦成長為大公司，就開始故步自封，僵化消極，不敢承擔風險，不敢正視市場的風雲變幻。最後僵化而衰，或者走向破產的境地。

【試說新語】

企業必須要提供足夠肥沃的土壤，透過各種途徑，採用各種方法，增強人才的創新意識。當然，世上沒有所有企業都通用的萬能創新鑰匙，每個企業要想獲得成功，都必須根據自身的特點和

需求，設定自己的創新目標，培育自己的創新環境，找到自己的創新途徑。而一名企業的員工——創新的播種者，要想有所收穫，必須服從企業的意志，時刻準備好企業需求的、優良的創新種子，適時播種，自發地創新，牢牢抓住創新的主動權，努力讓創新結出碩果，滿足顧客的物質和精神需求，轉化成企業的經營效益。

賢人指路

做為一個未來的總裁，應該具有激發和識別創新思想的才能。

——斯威尼

策略38 海金沙的葉子隨時長

——發揮人才的創造力

創新是企業生命力之源，那麼企業應該如何培育創新沃土，充分調動人才的創新積極性，確保實現企業效益最大化呢？不妨參考海金沙，來激發人才的創造力。

【植物精靈】

神奇的海金沙，能讓葉子無限生長，這是植物界的一個奇蹟。人們看到的海金沙藤蔓，其實並不是它的莖，海金沙的莖埋在土中，人們看到的只是它葉軸頂端生長點上一片無限制生長的葉子。海金沙喜歡曬太陽，利用捲曲的葉子，攀爬草木，到陽光充足的高處。它的孢子金黃色，細如海沙，並因此得名。

相傳古代有一個年輕人，愛上了村裡一個美麗的姑娘，可是姑娘的父母貪婪愛財，要年輕人拿出十兩金子的聘禮，才答應把女兒嫁給他。年輕人跑到山裡去淘金，結果被洪水沖走。他死後化做了海金沙，葉子無限伸長，爬到高處呼喚姑娘，人們就把這種植物起名為海金沙。

海金沙的葉子，可以根據生長需要無限伸長，企業人才的創新，也應該如此。根據企業的發展需

求，時時刻刻發揮人才的創造力，是企業創新管理的重要任務。創意人人有，但並不是每個人都能成為創新人才，這就要求企業為人才提供均等的創新機會，打造自由靈活的創新空間。如果企業沒有讓人才傑出的創新能力發揮出應有的作用，那就是企業對人才的失職。

很多創新就像捅窗戶紙一樣，一旦捅破，人們就不會感覺新奇了。所以創新的價值，貴就貴在「第一次」，貴就貴在誰最先捅破這層窗戶紙，所謂「第一個吃螃蟹的人是英雄」，就是這個道理。

【案例現場】

亮靚洗車行處於有些偏僻的城郊，所以買賣一直不算興隆。老闆為此很著急，經常召集員工一起想辦法，並且許諾誰能想出好辦法，讓洗車行吸引顧客，就會獎勵誰一千美元獎金。

洗車行有一個剛來不久的操作工，給老闆提了個建議，老闆聽了立即眉頭舒展，露出了笑容。老闆按照操作工的建議實施後，果然來洗車的顧客大增，效益也很快得到了極大地提高。那麼，操作工想出的什麼點子呢？原來，他讓老闆將兩部車停在洗車行的醒目位置，兩輛車是相同的品牌，相同型號，一部車弄得髒兮兮，滿車污泥，上面放了一塊醒目的標牌，寫著「洗車前」；另一部車清洗得乾乾淨淨，光可照人，上面也立了一塊標牌，寫著「洗車後」。對比強烈，非常引人注目，吸引眾多愛車族來洗車，生意自然就好了起來。

老闆發現操作工是個難得的人才，不僅兌現了獎金，還開了一家連鎖洗車行，交由操作工經營管理。

創新需要動機，有了動機才有創新的激情和創新的力量，因此，對創新的激勵必不可少，除了願景激勵，責任激勵和公平公正的獎懲激勵也是必不可少的。將創新結果和效績與薪資掛鈎，重大創新重獎，關鍵創新重獎，守舊落後懲罰，就可以促使人才時時產生創新的熱情。

人才創新，是個高風險的行為，這就要求人才不僅要有大局觀和服從意識，而且有不怕失敗的心理。企業要給人才勇於冒險和遭受失敗的機會，允許他們犯錯失敗，但不允許他們落後守舊，這才是企業創新的根本。一個缺乏風險精神，害怕失敗，不敢創新的企業，註定不會走得太遠。簡單地說，企業的工作團隊要想具有卓越的執行力，取得較高的績效，創新才是競爭的利器和法寶。

【試說新語】

企業要想創新，就必須要求人才服從企業的願景目標，服從企業的經營策略，創新為實現企業效益服務。員工只有養成自覺創新的習慣，才能夠常看常新，即時發現新問題，即時思考性問題，激發出創新的靈感，找到創新的路徑。

賢人指路

為了產生創新思想，你必須具備必要的知識，不怕失誤、不怕犯錯誤的態度，專心致志和深邃的洞察力。

——斯威尼

向強者看齊
約伯斯：蘋果的九大法則

法則一：招募一流人才。約伯斯曾說，自己花了大半輩子時間才充分認識到人才的作用和價值。他強調說，自己過去認為一位出色的人才能抵兩名平庸的員工，現在他認為能抵五十名。他大約把工作四分之一的時間用來招募人才，他挑選職員十分仔細，親臨現場，目的是使應徵者以最快速度瞭解適應公司的文化氛圍和環境。

法則二：一切都盡在掌握。蘋果必須是一家能夠全盤掌控的公司，無論硬體還是軟體，從設計到功能，從作業系統到應用軟體，蘋果的產品必須由自己打造。隨時可以改變，創新時刻發生，時刻關注產品中的每一項技術，只有如此，創新才能順利轉化成產品，掌握每一個零件，是蘋果創新的關鍵。

法則三：不會有B計畫。在涉足一個新的領域時，必須集中精力，傾注全部心血打造一個產品，只有A計畫，沒有備選方案，不要留退路。將最佳的創意、設計、技術，傾注於一款產品上，才能打造出精品。

法則四：追求殘酷的完美。即便新產品一切工作都已完成，因為還有兩顆螺絲帽暴露在表面，這樣不起眼的小細節，也必須要推倒重來，殘酷的標準成就了一個個令人驚嘆的蘋果產品。

法則五：軟體永遠是其核心技術。無論什麼時候，對消費類電子產品來說，軟體都永遠是核心技術，只有自己擁有軟體技術，才不會看別人的眼色行事，也不會因為等待別人最新的作業系統發布，而推遲硬體產品的上市，為此蘋果堅持做自己的作業系統和那些悄無聲息的後端軟體。這也是為何連一些消費電子巨頭的市場，也無法超越蘋果的真實原因。

法則六：小心審慎與第三方合作。與其與平庸的公司合作，還不如不合作，那樣只會降低蘋果產品的優異品質而不會帶來任何好處。受制於他人也是不可容忍的，那有損於蘋果堅持完美的風格。

法則七：祕而不宣，嚴格保密。蘋果公司所有的產品開發計畫都是這個地球上最高等級的機密，保密程度不亞於任何國家的保密系統。一個產品在推向市場前，絕不會走漏一點風聲，有的研究達五年之久，外人竟然毫無察覺。有的銷售商甚至在產品正式發布兩週前才能看到真實的原型機，蘋果經常專門製作幾款假的原型機掩人耳目，瞞天過海，以便達到絕對保密的目的。

法則八：產品必須能夠帶來可觀的利潤。如果產品又酷又新，卻不能帶來實實在在的利潤，那就不是創新，而是藝術，必須捨棄。這就不難理解約伯斯重回蘋果後，為什麼毅然決然地取消了堅持七年之久的牛頓PDA業務。

法則九：科技產品不僅令人驚嘆，而且必須要引導消費。滿足客戶需求的行為是平庸的公司做的事情，引導客戶需求才是蘋果的經營之道。

這是一個商業奇才遵循的法則，這是蘋果屢創佳績的奧祕所在，領悟了這九大法則，也就是領悟了創新之妙，領悟了商法的精髓。

第八章 有些花草擅結夥

——規模求來效益

策略39 門前一棵槐，財神不請自己來
——招商引資靠實力

企業經營，自然講究天時、地利、人和。經濟危機過去，經濟復甦，市場出現眾多新的機遇，這是天時；而各地政府為經濟復甦採取的各種推動政策，是為地利；至於人和，就全看企業自己的吸引力了。任何企業想發展，都會希望謀得各方面的支援，例如資金、技術、設備、市場等方面的合作，這些合作，常常被稱為招商引資，優勢互補。中國自古就有「門前一棵槐，財神不請自己來」的說法，意思是門前栽下槐樹，就能招財進寶。放在當今時代，企業要想找到合作夥伴的支持，自身要有與人合作的資本。

【植物精靈】

夏朝最鼎盛時期的帝王叫槐，又叫帝芬，槐在位期間，先後征服了從泗水到淮河之間的九個夷族部落，極大地擴展了夏朝的勢力範圍。在槐的治理下，夏朝的社會經濟也得到快速的發展，使夏朝進入了最輝煌最富有的時期。人們為了歌頌他不朽的業績，就把一種當時能給人帶來財富的樹，命名槐樹。槐樹之花是在夏天時節開花，因此象徵夏朝，帝王槐又叫帝芬，意思就是指花朵芬芳，香

飄四海。從那時起，人們就流傳一個說法：門前一棵槐，財神不請自己來。

槐樹渾身上下都是治病的中藥材，槐樹葉、槐樹皮、槐花、槐米，能治療多種疾病，槐木又是打造家具的上好木材，所以，至今還有人在家門口栽棵槐樹圖吉利。

企業經營，常常會因為自身實力不足，而謀求與其他的企業或投資人合作。這種合作，能彌補企業的不足，擴大企業的實力，藉此來實現單憑企業自己無法實現的經營專案和經營目標，民間稱這種合作叫借雞生蛋，或借船下海。合作的方式也有很多種，有的只藉助其他企業的一定的投資，相互佔一定比例的股分，最後按比例分紅；有的是藉助對方的技術，以技術入股的方式進行合作；有的以市場管道的方式進行合作，還有的是進行全方位的合作。不管是哪一種合作，都是優勢互補，全面提升企業的實力，為企業的發展補充能量，是一種擴大規模來追求效益的選擇。

企業招商引資這種合作方式，現在被廣泛應用，有的是長期合作，有的僅僅是短期的專案合作，但不管時間長短，都會為企業帶來質的變化。無論是經營還是管理，都將帶來一些新的、有益的東西，促使企業更能適應市場發展的需要，為企業發展充電，補充足夠的後勁。

【案例現場】

美國有一家生產清潔用品的小工廠，由於經濟危機的衝擊，加上經營不善，瀕臨破產倒閉。廠裡有一個銷售員，深知工廠經營不善的原因。他做銷售員多年，知道這個廠生產的肥皂品質不錯，深受消費者的歡迎，市場前景很好，感覺就這樣倒閉破產實在可惜，所以他下定決心把工廠買下來。

他四處籌措資金，直到最後一天晚上，仍然差一萬元，他感到非常絕望，一個人孤獨地徘徊在冷清的大街上。

夜已經很深了，他仍然毫無目的地在街頭上走著。這時，他抬頭看到了一棟辦公大樓上的一間辦公室還亮著燈，不由得眼前一亮，最後的希望在心頭升起。

他鼓足勇氣，走進寫字樓，敲開了那個辦公室的門，辦公室裡有一位律師在辦公。他向律師詳細介紹工廠的情況，述說了自己的心願，以及自己籌備資金的情況。律師被他的誠心打動，更被工廠的前景所吸引，答應與他合作，不僅借給他一萬元資金，還拿出更大的投資。

律師幫助他很快收購了工廠，全面開始了合作。經濟危機過去後，他們經過幾年的努力，不僅使工廠起死回生，還得到了很大的發展，成為一家有名的洗化企業。

這是一次非常成功的招商引資合作，銷售員與律師的聯手，彌補了經營的不足：銷售員懂銷售、會管理，律師懂法律，優勢互補，最終成就了一個企業的發展。如果沒有這次的合作，那麼這家洗化企業可能就此就消失了。

目前，這樣合作的商業案例很多，共同出資，或各出優勢資源進行合作，是開闢市場，擴大規模，迅速打開市場通道的有效方式。許多國際知名企業進入新的市場，也往往採取這種方式，與當地一家或幾家企業聯手，利用企業在當地的市場和資源優勢，出資購買一定股分，或者技術入股的形式，直接進入當地市場，為企業規模和效益的擴大開闢了新的路徑。

【試說新語】

企業招商引資，首先打造好自己的優勢資源，做好合作的準備。可能是擁有市場資源，或有優勢產品，或者有技術人才，不然就是有工程項目，換句話說，就是有自己的強項，不能空手套白狼，那樣很難謀求到合作的夥伴。即便有人願意合作，合作也不會愉快長久。要把握好招商引資的原則，缺少什麼引進什麼，只有雙方都能獲得相對的利潤，才能確保合作的真正成功。

賢人指路

人們在一起可以做出單獨一個人所不能做出的事業；智慧＋雙手＋力量結合在一起，幾乎是萬能的。

——韋伯斯特

策略40 像綠蘿一樣找好攀爬的支點

——不妨委身龍頭企業

【植物精靈】

一隻小蚯蚓和一隻小壁虎生活在森林中，牠們是好朋友，那時候壁虎沒有眼睛，只能靠鼻子尋找食物。有一天，小壁虎對小蚯蚓說：「我好羨慕你有眼睛啊，能看到陽光、花朵和很多美好的食物。」蚯蚓是個善良的孩子，很同情壁虎的遭遇，就將自己的眼睛借給了牠，誰知道壁虎借了眼睛之後就跑得無影無蹤。可憐的蚯蚓只好身體埋到土裡四處尋找，而靈魂卻化做了綠蘿，爬到身邊最高的樹上尋覓。壁虎害怕綠蘿找到牠，白天躲藏起來，只有到了夜晚，才敢出來尋找食物。至今壁虎仍然鬼頭鬼腦，就因為害怕被蚯蚓找到。

綠蘿屬於藤蔓類植物，它的植株看起來是柔弱的，而它的生命卻很堅韌。它的根系發達，纏繞力強，憑藉自己的攀附能力，使它弱小的身軀幾乎能達到任何其他植物能達到的高度，來吸收充足的陽光。

只要給綠蘿一個支撐，它就能爬到陽光照射的高處，這是綠蘿生存的本領。經濟春天到來後，做

為企業，尤其是那些初創的小企業，自身實力有限，要想獲得生存發展的機會，不妨像綠蘿那樣，找到一個大企業，攀爬依附在它的身上，為其提供服務，借勢養精蓄銳，發展自己。

創業之初，依附於大企業，為它們提供配套零部件加工生產或服務，有兩個好處：

一，透過與大企業的業務來往，向大企業學習先進的技術和管理經驗，學習它們的經營策略。

二，獲得穩定的業務支撐，保證自己的資本累積，維持自身的生存發展，一舉兩得，一箭雙鵰。

這種寄人籬下的方式，就像把小孩子寄養在富裕家庭裡一樣，是一條很好的發展之路。

企業界就像一部電影，有主角就有配角，每一個成功的大企業，背後都隱藏著眾多的小企業。它們為大企業提供各種相關的配套服務，大企業為它們輸送血液，提供生存的空間。從奔馳、通用到本田，從東芝、三星到海爾，所有大企業的周圍，都聚集了數目眾多的衛星企業。在這些明星企業大紅大紫的時候，沒有人會注意到甘當配角的中、小企業，但對於創業初期，起步維艱的中、小企業來說，當一個配角未必不是好事，不僅謀到生存的機遇，還會贏得發展的空間。

日本是中、小企業為大企業配套生產的典範，它們的大企業與中、小企業的合作承包關係，具有環環緊扣的多層次緊密關聯性，形成了金字塔般嚴謹的系列化生產體系，既密切了大企業與中、小企業生死相依、唇亡齒寒的互相依存關係，又使中、小企業具有規模效益。雙方互惠互利，協調發展，共同打造維繫了一個企業生存發展生物鏈。

【案例現場】

宏業公司是一家機械加工企業，自從上世紀九〇年代創辦以來，一直專門為某大型汽車製造企業配套生產一種零件。企業創立之初，他們也曾經走過曲折的路，嘗試開發自己的產品，打造自己的品牌，結果幾經碰壁，最後尋找到了為大企業專門配套生產某一配件的道路。宏業老闆曾感慨說，很幸運摸到了一條正確的道路，企業能發展到今天，完全應該感謝大企業提供的機遇，站在巨人的腳下，讓人覺得活的踏實。

宏業公司成立之初，沒有資金，沒有技術力量，僅有的只是幾台機床和十幾名車工。別說創立自己的品牌，就是貼牌生產，很多品牌企業都會嗤之以鼻，不屑一顧。他們幸運地找到了為汽車企業生產配套產品的某小企業，為這家小企業配套生產一種單純的小零件。

有了一定的資金和技術累積，宏業公司開始更新設備，招募高水準的技術人員，很快就具有更大的生產能力。於是，那些大企業也紛紛找上門來。宏業在為大企業做配套生產，也曾遇到過困難和波動，有時候大企業資金週轉慢，他們需要自籌資金為之墊付，還有條件利潤更豐厚的企業拉攏他們另投門戶。經過一番複雜的掙扎，最後宏業還是堅持了下來，他們認為，能與大企業建立長期穩定的合作關係不容易，不能見異思遷，要集中精力做好一家，把產品做到最精，繼續足夠力量之後，再謀求更大發展不遲。

宏業現在已經成為配套企業裡的佼佼者，由於產品品質上乘，信譽好，管理服務也很令大企業滿意，在一家大型汽車的配件廠商裡，已經獲得了產品免檢的優待。

宏業的成功，來自對大企業的依附。當然，對於已經具有相當規模的中、小企業而言，為大企業做配套生產服務，也具有一定的風險。由於配套生產服務的業務單一，一旦大企業出現問題，就會為這些中、小企業帶來滅頂之災。上午大企業宣布倒閉，等不到下午，這些配套衛星企業就得宣布破產。上午大企業宣布擴大規模，加大生產力度，下午就為這些小企業帶來發展的機遇。這種寄生的風險，曾經發生過，二〇〇〇年，韓國大宇汽車宣布破產，至今令很多商家心有餘悸，談起就為之色變。僅僅在韓國，就有四百多家與它直接合作的中、小企業倒閉關門，引發千餘家生存鏈上的企業連鎖倒閉，近萬家企業受到波及，造成五十餘萬員工失業，影響深遠，教訓深刻。

【試說新語】

小企業委身大企業，要有自己長遠的發展規劃，要努力儲備自己的技術力量，一方面為大企業提供優良的配套產品和優質的配套服務；另一方也要打造自己的核心競爭力，走一條既合作，又獨立自主的道路，逐漸減少自己對大企業的依賴程度。

賢人指路

團結就有力量和智慧，沒有誠意實行平等或平等不充分，就不可能有持久而真誠的團結。

——歐文

策略41 大樹底下好乘涼

——兼併是擴張的良策

經濟危機使很多企業休克，危機過後，就為一些企業的兼併擴張，提供了一個絕佳的機會。船行水上，噸位越重，越能抗擊風浪，行駛沉穩，企業也一樣，規模越大，在市場競爭中越容易站穩腳跟，越容易謀求利潤。所以趁那些企業尚未復甦之際，抓住機會，以低廉的價格收購兼併，可以迅速地擴大自己的規模，並能獲得原有企業的技術和市場，大樹底下好乘涼，在經濟復甦中，佔據有利的地位。

【植物精靈】

大樹底下比別的地方涼爽，第一，因為大樹的樹蔭濃密，光線較不輕易透過去；第二，大樹的樹影面積廣，遮住的蔭涼比較大，導致整體氣溫要低；第三，由於大樹身形大，接觸的空氣面積比較大，造成大樹底下的空氣流動更頻繁一些，也就是風大一些，所以人們才會說大樹底下好乘涼。

企業界最早的一棵大樹，應該是洛克菲勒所屬的標準石油公司，洛克菲勒是企業收購兼併的鼻祖，我們不妨看看洛克菲勒是怎麼想到收購兼併的好處的。

【案例現場】

洛克菲勒在經營自己的石油產品過程中，意識到要想讓自己的買賣抗拒住市場驚濤駭浪的衝擊，必須要擴大企業的規模。他尋找到兩位資金雄厚，信譽良好的合夥人，聯合成立了標準石油公司，註冊資本為一百萬美元。

在接下來的經營中，他發現用價格戰打敗競爭對手，把它們擠出市場，並非良策，還應該有更好的辦法。於是他採取了另一種策略，向競爭者提供標準石油公司的股票，或者直接提供現金，買下他們的煉油廠，把競爭對手變成自己的盈利幫手。在收購兼併那些公司的過程當中，洛克菲勒自然網羅到一大批人才，為他的標準石油的整體經營，提供了新的管理經驗，用他自己的話說，那價值遠遠超過了被兼併的所有公司的價值。

到了一八七九年年底，全美百分之九十的煉油業已經控制在了標準石油公司手中。自美國建國以來，還從來沒有一個企業能如此迅速，完全徹底地獨霸過某一行業的市場。

在這種大前提下，托拉斯應運而生。洛克菲勒根據自己的律師多德提出的「托拉斯」這個壟斷組織的理論，加大兼併力度，又收購兼併了四十多個廠商，全美國百分之八十的煉油工業和百分之九十的油管生意，完全控制在了標準石油公司手裡，並於一八八六年成立了天然氣托拉斯，將標準石油公司更名為美孚石油公司。

在洛克菲勒的啟發帶動下，美國各地、各行業，迅速湧現出了一大批各種托拉斯，很短時間內，托拉斯這種壟斷組織企業所擁有的業務就佔了美國整體經濟的百分之九十以上。

洛克菲勒是發現收購兼併價值的一名先驅者，他開創了美國、乃至整個資本主義世界歷史上一個獨特的時期——壟斷時代，為後來的整個世界市場發展，提供了正反兩個方面的經驗和教訓。

經濟復甦過程中，在大企業紛紛收購兼併的熱潮中，也給中、小企業提供了眾多的機遇。中、小企業在成本和資源上有很多優勢，在此基礎上，不妨優先選擇和大企業進行合作，互利雙贏，共同發展。

企業要將收購兼併看成是策略管理。儘管很多企業在蕭條時關了門，但既然能夠頑強地挺過來，就要藉機發展壯大。抓住了經濟復甦的時機，改變常規思維，從被動防守變為主動策略性出擊。沒有活下去的信念，很少會有活下去的機會，就是這個道理。

經過經濟危機考驗的企業會更耐活。如今春風吹來，經濟復甦，企業就要藉機收購兼併，擴大規模，穩固自我地位，明確競爭優勢，進而做出更加適應市場，更好滿足消費者需求的適宜的策略選擇。

企業抓住機會就要適時地出擊，兼收並蓄，尋找積蓄能量的機會。經過經濟嚴冬的洗禮下，市場會出現許多商機，比如廉價的「休克魚」資本、一些被寒冬埋沒的人才、還有新的未被重視的科研成果等等。這時如果能夠吸收這些東西，會為企業迅速發展，儲備下更多的能量，較多「氧氣」。

習慣上，人們將企業間的兼併比做大魚吃小魚，或者快魚吃慢魚。經濟蕭條下，許多難捱寒冷的企業呈現「休克」狀態，這時趁機而吃，更經濟、更實用。

二十世紀九〇年代，海爾集團在不到十年時間先後兼併了十八家企業，全都扭虧為盈，成為吃

「休克魚」的典型案例。在兼併的十八家企業中，海爾並不注重企業現有資產，而且從潛在的市場、活力、效益上觀察對方，並將之喻為「休克魚」。何謂休克魚？指的是魚的身體沒有腐爛，比喻企業的硬體還是好的，但是魚處於休克狀態，這多半是因為觀念、思想等管理問題，造成企業停滯不前，落後於市場。

吞併「休克魚」後，海爾迅速為其注入新的管理思想、體系，很快就將它們全部啟動，使資產達到14.2億元，一舉實現低成本擴張策略目標。

【試說新語】

企業兼併，是擴大規模的一個手段，並不是說什麼企業都兼併，而是要學會轉變觀念、調整策略、建立適應市場形勢發展的兼併策略，學會兼併中發展，而不是被兼併拖累，背上新的包袱。只有積蓄了足夠的能量，才可以在春天裡動如脫兔，抓住機會搶佔行業、乃至經濟的制高點。

賢人指路

行動不是狀態，而是過程。

——路德維希·比爾寇

策略42 漂洋過海彼岸花

——跨區域經營要克服水土不服

【植物精靈】

古時候有兩個人，一個叫彼，一個叫岸，他們是一對男女，上天規定兩人永世不得相見。這反而讓他們彼此生出愛慕之心，惺惺相惜，常有顧盼之情。一天，他們不顧天條律法，偷偷見了一面，這一見不要緊，彼發現岸是個麗質如花的青春美少女，岸發現彼是個風華正茂的英俊青年，兩人一見傾心，決定生生世世永遠不再分離。

不幸的是，神仙降下處罰，讓他們一個人變成花，一個人變成了葉，花開不見葉，葉生花落去，花和葉，生生世世也見不到彼此，人們就給這種花起名彼岸花。

彼岸花適應性比較強，能夠漂洋過海，到各地去生存，這也是花名的真實來歷。

很多企業為了擴大規模，拓展新的市場，擴大市場覆蓋面和產品銷售量，紛紛開始跨區域經營。有的甚至進行跨國經營，把買賣做到了世界各地，就像彼岸花一樣，漂洋過海，尋找新的生存領域和生存空間。特別是隨著交通的發展，海上和空中運輸的便利，任何空間障礙已經無法構成交流的

屏障，通訊業、網路的發達，更是令跨區經營如虎添翼，整個世界彷彿一夜間就變成一個統一的大市場。只要你有實力、有能力，就可以到世界上任何一個地方開展你的經營活動。

一方水土養一方人，一方市場需一方產品。企業跨區域經營，免不了要面對的一個問題，就是產品對新市場的適應性問題。不同的地域，由於文化、宗教、生活習俗的不同，人們的消費心理、消費習慣，也會有這樣那樣的差異，對企業的產品和服務，就會有不同的要求。所以，這就要求企業在跨區經營之前，必須對要進入的市場進行詳細深入的調查瞭解。根據市場的不同情況，生活的不同習俗，顧客的不同心理，調整好自己的產品和服務，使之與當地人們的生活習俗相適應，並使銷售管道和銷售方式，與之相匹配。只有如此，才能令自己的產品在新的市場落地生根、如魚得水，不會受到當地市場和顧客的排斥，得到有效的發展。

【案例現場】

摩爾是國際上零售業的高端代表，先天就具備很多企業無法企及的特質和優勢。它的每個營業店鋪都體積龐大，一般都達到十到三十萬平方公尺的營業面積，使顧客如同置身於商品的海洋，流連忘返，難以自拔。

摩爾在西方世界曾催生了一些「天生購物狂」、「為購物而生」的購物大軍，在世界各地，幾乎都有摩爾神奇的身影。日本的摩爾店鋪只佔全國零售業店鋪的百分之一，卻掠走了全國一年三千五百億零售額的大部分；摩爾在美國的年營業額也已經超過了一萬億，瓜分了美國全國零售額的百分之五十還多。

然而，正是摩爾大而全的特色，卻使它在中國大陸水土不服，陷入了尷尬的境地。應了那句話，「成也蕭何，敗蕭何」。摩爾由於缺乏對中國大陸市場的深入瞭解，它大而全的經營模式，反而成了巨大的掣肘。無論是北京的金源，還是深圳的華潤萬象，摩爾的經營者們除了創造出足夠大規模的經營規模之外，並沒有製造出與之相匹配的營業額和效益，普遍的現象是參觀的人多，購物的人少，用老百姓的話說是光打雷不下雨。

之所以會造成如此局面，是因為摩爾進入中國大陸時，缺乏對中國大陸的文化和人們消費心理的足夠瞭解。摩爾並不瞭解中國文化的精髓，有即是無，全就是缺，大就是小。摩爾全客群的定位，在大多數消費者眼中就變成了無客群，它越是力圖證明自己可以滿足每個顧客的消費需求，顧客越認為它不具特色，無法滿足自己的需求。原因再簡單不過，很多人不相信十八歲的少女和六十歲老人會在同一個地方找到各自需求的東西。

這種哲學觀念和消費心理，使摩爾的規模反而成了弊端，特色反而成了無特色，水土不服，巨艦擱淺，也就很好理解了。

企業跨區域經營，在規模和效益二者之間的關係上，應該找到一條適應本土文化和本土市場習俗的有效之路。不能簡單移植，照搬照抄，應該像彼岸花那樣，即使漂洋過海到一個新的環境，也能很快適應環境。當然，跨區域經營，有的堅決保持自己的特色，不入鄉隨俗，也不失為一種策略，例如麥當勞，走到哪裡，就會讓哪裡的消費習慣適應它，引領一種新的消費時尚。這種堅決不變色

的經營方式，需要企業產品和服務要有非常突出的特色，無法模仿，獨一無二，還需要品牌知名度高，天下聞名，所以做到這一點非常不容易。

企業跨區域經營，克服水土不服，入鄉隨俗，就成了企業擴大規模的一個重要關口。企業對新市場熟悉的程度和深度，很大程度上將決定企業在新市場的成敗。

【試說新語】

企業跨區域經營，要想克服水土不服問題，就應該在進入該市場之前，對當地的文化和習俗進行深入的瞭解，要做到這一點，可以採用相對應的一些辦法和策略。可以委託當地的調查諮詢公司，深入做一次市場調查，調查清楚當地的市場和消費情況；也可以自己派出人員，深入當地，瞭解當地風土人情，人們的消費心理，以及對待自己企業產品的態度，避免盲目進入；同時，要根據當地市場的需求，調整自己的產品和服務，使之能與當地市場的消費習慣相適應，最大限度地滿足市場和顧客的需求。

賢人指路

一個人像一塊磚砌在大禮堂的牆裡，是誰也動不得的；但是丟在路上，擋人走路是要被人一腳踢開的。

——艾思奇

策略43 巨栲三樹連理——強強聯合，建造行業超級航空母艦

企業為了擴大規模，謀求規模效益，也常常會進行同行業或跨行業、跨地域的強強聯合，共同出資組成更大的企業集團。強強聯手，打造巨無霸企業，意圖是更大程度佔領市場比例，謀求效益最大化，就像巨栲連理一樣，成為業界航空母艦。

【植物精靈】

在福建某地，有三棵巨大的栲樹，虬枝嶙峋，盤根錯節，糾纏在一起，根本分不清哪些根、哪些枝葉是哪一棵樹的。三棵樹都高達六十公尺，每一株都要十多個人才能合圍，三棵大樹並排組合在一起，形成了一個巨大的屏障，樹蔭濃郁，遮天蔽日，共同抗拒著各種狂風驟雨，成為當地一道亮麗的風景。

在一百多年前，這三棵巨栲就已經生長在這裡了。那時候土匪盛行，巨栲後面的村子遭到了土匪的洗劫，周圍的鄉勇趕來把他們團團包圍，最後土匪爬到了這三棵巨栲上，卻生生被困在樹上十多天，最後無路可走，只好投降。鄉親們認為巨栲護村有功，就精心加以照料，直到今天仍然鬱鬱蔥

蔥，生長茂盛。

大企業各自有著自己強大的優勢，無論是市場、資金、技術，還是管理，都是一般企業無法匹敵的。如果兩個大企業聯手，依靠雄厚的資本和強大的技術支持，加上互相進入對方市場，兩個市場融合一起，那麼引起的市場擴容效應就不是簡單的一加一問題了。它的覆蓋和籠罩就像巨栲濃密的樹蔭一樣，令生活在其下的其他中、小企業，很難再覓到生存和發展的機會。正因為如此，世界上眾多大型企業開始了聯合風暴，世界各地，各個經濟區域，幾乎都能看到大企業連袂出擊，共同瓜分市場的身影。幾乎所有的國際知名汽車廠商，在中國大陸都有合作夥伴，上汽通用、本田雅閣、一汽奧迪、日產東風，這些強強聯合，很快就使得這些廠商的產品充斥了中國大陸的汽車市場，完成了對市場的全面拓展和佔領。

跨領域、跨行業的強強聯合，同樣威力巨大。一家鋼鐵企業與一家房地產企業聯手，充分發揮各自的優勢，鋼鐵企業的資本和原材料的優勢，加上房地產企業的技術和管理優勢，使本來只佔某市房地產市場百分之二十比例的那家房地產公司經過兩年時間，就躍居該市房產企業龍頭地位。雙方均獲得了巨大的利益回報，實現了巨大的規模效應。

【案例現場】

IBM是世界電腦業界的翹楚，自從「第二人生」在美國3D虛擬世界獲得巨大成功後，IBM深受啟發，躍躍欲試，把目光瞄準了擁有眾多人口和巨大市場潛力的東亞市場。IBM進入東亞市場的策略很簡單，就是在東亞找一家網路業界的巨頭，聯手進軍3D領域，強強聯合，以求快速取得在這一領域的領先地位，成為標竿企業，令後進追隨者望塵莫及。

IBM在這個領域有著自己獨到的優勢，他們憑藉自己的優勢，選中了中國大陸一家同樣在這一領域處於領先地位的優萬公司，於二〇〇八年春天完成了簽約，成為在網路世界裡的策略合作夥伴和同盟。他們聯手共同推動大陸虛擬世界的打造，締造一個互聯互通的網路世界帝國，把3D虛擬世界在大陸巨大的市場潛力的前景挖掘出來，達到壟斷市場的目的。

他們聯手打造的項目是開啟「由我世界」。這是個3D網路和虛擬世界工程，雙方利用各自的技術優勢，展開一系列的深度合作，IBM在支撐系統、軟體構架、業務模式等方面將提供全面的業務服務，將「由我世界」接入IBM虛擬世界互聯互通平台，打通業務通道。由對方提供平台營運商、企業客戶、個人客戶的業務模型，以此來滿足3D虛擬世界的廣大客戶的業務需求和消費需求。

他們的強強聯合在兩年後顯出成效，由於「由我世界」根植於當地強大的文化之中，做出了很多符合中國大陸消費者心理需求的設計，緊隨美國「第二人生」之後，成為大陸消費者的首選。

強強聯手已經成為越來越多的大企業進軍海外市場，擴大企業規模、拓展經營領域、佔領更大市場的銳利武器。經濟復甦，更是給它們提供了新的市場機遇。企業如何抓住機遇，根據市場需求，選擇好自己預謀發展的行業或者地域，尋找到另一業界巨頭，共同開闢新的市場和領域，尋找到新的利潤增長點，是企業謀求擴大規模的策略性方向。如能合作成功，將為企業開闢一條新的高速發展之路。

大企業之間的聯手合作，方式有很多，可以是市場的合作，也可以是資金的合作，當然也可以是技術的合作，全面的合作也不是沒有可能。只要能做到優勢互補，資源分享，互為倚重，自然能夠取得高效的業績，成為行業的「巨無霸」。例如美國愛默生為海爾做配套服務，日本三洋、台灣睿智，同樣是為海爾做壓縮機配套產品，這樣的合作，均為各自的企業贏得了大量的發展空間。集群化的強強聯合，共同分擔了市場風險和資金壓力，使各自的企業都得到很好的發展。

【試說新語】

企業如果規模足夠大，不妨走強強聯合，與其他大企業聯手開闢新市場的道路。企業要根據自己的發展需要，選擇符合自己策略要求的企業進行聯手。合作過程中，雙方應本著互惠互利的原則，建立在平等的基礎上，各自發揮自己的優勢，取長補短，共同打造新的市場、新的盈利平台，並共同分擔各種經營風險。在經濟復甦中，發揮集團優勢，搶佔市場的先機。

賢人指路

若不團結，任何力量都是弱小的。

——拉封丹

向強者看齊

尤伯羅斯：生意成功方程式

經商是各種資源的最佳利用，借錢也是資源利用的重要手段，擁有借錢的能力也是經營者必須具備的一種才能。在商戰中，借用資金來實現自己的目標，是一種非常精明的經營策略，無論是銀行的錢，還是股民或其他企業的錢，一進入企業的口袋，就是企業的資產，企業的經營資本。如果能將借錢的能力與運用資金的能力巧妙結合，就會打造出一個商界的奇才。尤伯羅斯，就是這樣一位奇才。

商界權威華那卡曾總結出生意成功的方程式，那就是生意成功＝他人的智慧＋他人的金錢。尤伯羅斯很好地利用了這個方程式，實實在在地為他擔任副董事長的美國第一旅遊公司賺了個缽滿盆滿。

尤伯羅斯的成功案例就是他靠著非凡的「借錢術」，在擔任第二十三屆洛杉磯奧會主委會主席時，為奧運會盈利1.5億美元，這是奧運史的奇蹟，開天闢地第一回。奧運會是全世界最熱鬧的盛會，但也是窮得叮噹響的體育賽事。直到莫斯科奧運會，還留下鉅額的虧損。舉辦奧運會，除了面子好看，就是一個沉重的包袱。在這種情況下，尤伯羅斯站了出來，他領導的組委會明確提出，不要政府提供任何財政資助，不用政府掏一分錢，這樣天大的好事，不僅樂壞了美國政府，更樂壞了國際奧會，因為這讓他們看到了奧運會新的希望。

沒有資金當然辦不了奧運會，尤伯羅斯當然十分清楚這一點。他劃時代地提出了一個天才的奧運贊助計畫，用別人的錢來辦奧運，還要發一筆大財。他在每一個行業裡只找一家贊助商，並且最多只接受三十家的贊助，每家的贊助金額不得低於五百萬美元，並且條件非常苛刻，必須遵守奧會關於贊助的標準，不得提出額外的要求。這樣一來，就激起了各行業的商業巨頭們的激烈競爭，好勝心使他們紛紛抬高贊助的價碼，僅此一招，尤伯羅斯就籌集到了3.85億美元的鉅款。他同時挑起了美國三大電視網的獨家轉播權的競爭，然後以2.8億美元的天價把電視轉播權賣了出去，以七千萬美元的價格把廣播權賣給了世界各地。

尤伯羅斯不僅借錢，還借人，他號召洛杉磯人們無償為奧運會服務，成功地借來了三、四萬志願者，他們得到只是一份廉價的速食和幾張免費的門票，僅此一借，就為尤伯羅斯節約了幾億的經費。

尤伯羅斯生財有道，無孔不入，他利用奧運火炬傳遞籌集到四千五百萬美元，他提前一年售出門票，又賺得了不少的利息。

透過種種高招，尤伯羅斯共計為奧運會籌到6.19億美元的資金，支出4.69億美元，淨利潤達到1.5億美元，結果一經公布，立即引起了整個世界的轟動，在此之間，沒有人想到舉辦奧運會還能賺錢，尤伯羅斯想到了。他創造了一個奇蹟，開創了奧運會的新時代。

第九章

有些花草永不倒

——栽下品牌常青樹

策略44

滿園春色關不住，一枝紅杏出牆來

——打造自己的品牌

品牌不僅是一個企業的形象，也是企業的競爭力。沒有品牌的企業，就像一個人沒有名字，讓人無法識別，更無法讓人記住。品牌不等於產品，它是產品的身分證，有了品牌，產品就有了與其他產品相區別的標識。

【植物精靈】

古代有一個讀書人，想到別人家的花園裡去遊玩，主人怕他腳穿的木鞋踩壞了院子裡的花草和青苔，就沒有為他開啟緊閉的籬笆門。他很知趣，準備回去，這時卻看到一棵杏樹的樹枝，從院牆上伸到了院外，樹枝上開著一串粉白的杏花。他看了特別高興，就吟出「滿園春色關不住，一枝紅杏出牆來」的美妙詩句。

後人說，這個讀書人寫的是一個愛情的故事：他看上了院子中居住的一位漂亮姑娘，就去拜訪她，可是姑娘卻沒有看上他，給他吃了個閉門羹。他感慨說，就是姑娘閉門不出，名聲早已在外，令眾人仰慕不已。

杏樹能活四十到一百年，結果期非常長，被人們稱為長壽樹。它所結的果實美味可口，杏花也深得人們喜愛，杏仁是重要的中藥材。

企業經營，要想長期穩定發展，就必須打造自己的品牌。經濟危機過後，正是打造自己的品牌的好時機，因為這個時期，市場空白大，品牌空白多，如果企業能抓住機會，即時推出自己品牌，無疑能先入為主，趕在競爭者之前，引起市場和顧客的關注。

品牌是一種能給企業帶來增值效應的無形資產，就像一個人的名聲一樣，一般品牌是由名稱、符號或設計等組成的，目的是為了身分識別。品牌是消費者對企業和企業產品認可過程中形成的，與有形的產品不同，它是一種無形資產。這一特性，使品牌不同於產品，它有著自己獨特的價值。企業的品牌塑造過程，其實就是企業開拓市場，與顧客進行溝通的過程，它的建立完全是處於市場競爭的需要。要想從眾多的競爭者中脫穎而出，首先就要被顧客識別出來，同時，在顧客使用品牌標識的產品過程中，能記住品牌，以便能喚起顧客再次購買的慾望。經過多次的品牌鞏固，顧客對品牌涵蓋的產品產生一定的依賴心理，進而成為企業的忠誠顧客。

【案例現場】

NIKE是世界知名的品牌，聽到這個名字，人們自然就想到那些名貴的運動鞋。這一品牌的建立，也是經歷了很長的過程。NIKE的老闆菲爾．奈特算不上商界奇才，最初他為自己的產品命名差點釀下大錯，他給自己的產品起名「第六維」，幸好他的第一個員工詹森提出了不同的意見，認為冗長拗口，難以記住，還不如叫「NIKE」算了。好在奈特不是個固執的人，接受了詹森的建議，決定叫「NIKE」。

詹森的靈感來自他做的一個夢，夢見了傳說中的希臘勝利女神NIKE，覺得這名字不僅容易上口，還有文化意蘊。如果奈特不接受詹森的建議，那麼人們今天可能就穿不上著名的NIKE鞋，看不見了那個簡單又充滿魔力的NIKE鉤了。

產品有了一個好的名字，奈特又想為自己的產品設計一個標誌。那時候奈特的公司經營狀況不是很理想，為了多賺點錢貼補家用，他找了一份兼職工作，在一所大學裡擔任會計學教師。他就趁便把設計產品標誌的工作，交給了這所大學藝術系的女學生戴維森，讓她設計幾個方案給他看。

奈特除了希望標誌能體現運動產品的動感以外，也沒提什麼太具體的設計要求，加之戴維森並未進行過幾次產品標識設計，沒有什麼設計經驗，所以在最短時間內設計出來的幾個標誌，奈特都不滿意。但他也沒有耐心再讓戴維森重新浪費時間進行設計，只是從中挑選了一個他認為看起來還算舒服的大鉤，並丟下了一句話，「我並不喜歡這個標誌，但它會伴隨我一起成長。」沒想到這句話後來成了一句名言，與NIKE、NIKE鉤，共同成為NIKE品牌的重要組成部分。

品牌代表了企業的特點，透過品牌，人們可以認識產品，熟悉產品，並憑藉對品牌的區別，來選擇購買產品。世界上的知名品牌很多，正是依據這些品牌，消費輕鬆就能找到自己需求的產品，例如運動鞋會想到NIKE、汽車會想到賓士、飲料會想到可口可樂，這都是品牌帶來的功勞。不同的品牌代表了不同的產品特徵和產品品質，表達著不同的文化背景和設計理念，傳遞著不同的心理訴求

目標，消費者透過這些資訊，就能清晰地感知到這些品牌代表的產品與自己的消費需求心理是否吻合，做買或不買的選擇。

【試說新語】

品牌的打造是以企業提供的產品和服務的品質為基礎的，並常常會附著文化、情感、理智等豐富的內涵。所以，企業在打造自己的品牌時，首先要保證產品或服務的品質；其次，要為品牌注入一定的文化品質和情感因素，使品牌充滿了信任度，吸引力和追隨者。在此基礎上，逐漸使品牌獲得顧客的認可，具有較高的社會知名度。只有如此，才能發揮品牌的增值功能，成為一個真正的名牌。

賢人指路

要摘取果子的人必須爬上樹。

——富勒

策略45 吃匏瓜無留種

——不可只顧眼前利益

品牌的打造是個長期的過程，其中產品的品質和企業的信用往往會起到至關重要的重用。品牌不是企業自己單方面造出來的，是企業與市場和顧客互動的結果，在互動的過程中，企業的產品和服務逐漸得到市場和顧客的認可，那麼這個品牌就會一步一步建立起來。任何企業，憑空造品牌是造不出來的，只靠廣告堆積，而產品品質差，企業信譽低劣，不僅造不出品牌，還會自掘墳墓，只能加速企業的滅亡。吃瓠瓜無留種，只管眼前那點利益，是打造不出知名品牌的。

【植物精靈】

有一個勤勞的青年，在山下小溪邊種了一棵瓠瓜，春天澆水施肥，夏天捉蟲打蔓，瓠瓜長得特別好。到了秋天，收穫了很多瓠瓜。正巧村裡有個懶婆娘，她太懶了，總是吃了上頓沒下頓，青年很善良，就經常接濟她。有一天，懶婆娘又來討吃的，青年就勸她說，妳這樣下去可不是個辦法，這樣吧！我送妳幾個瓠瓜。妳把種子留下來，明年開一塊地，等到瓠瓜成熟，就可以拿到集市上賣，日子就會好過一些。懶婆娘聽了，連連點頭稱是，她將瓠瓜拿回家吃了，種子曬乾用布包了起來，

打算明年種。有一天下雨，懶婆娘找不到東西可吃，突然想起那包瓠瓜種，就拿出來，像嗑瓜子一樣嗑一顆，感覺真好吃。她心想，再吃一顆吧！於是又吃一顆，感覺不過癮，心想再吃最後一顆，就堅決不吃了，每吃完一顆就勸自己一次，結果，一包瓠瓜種子很快被她吃光了。第二年春天，青年早搬家走了，懶婆娘想要幾顆種子，也沒了機會。這一年，她什麼也沒有種，後來青黃不接，沒有人接濟她，就活活餓死在床上了。

打造品牌不是簡單的銷售產品，顧客購買了一次產品和接受了一次服務，不等於認可了品牌。一次好感並不足以促成顧客會連續購買某一品牌的產品，要經過反覆的累積，累積出更多的感情價值，才能達成整體的品牌認可和依賴。起初的產品和服務消費，是消費者對產品利益的需求，是對產品使用價值的認同，要想把這種需求轉化為對品牌的認可和依賴，企業必須要有長遠的目光。不僅品質要上乘，服務要周到，而且要在社會的大環境中，滿足顧客更多層次的需求，包括心理需求和情感需求，甚至是榮譽尋求。所以，產品品質和企業信用就會扮演塑造品牌的主要力量。這種力量的長期累積和對市場和顧客的潛移默化，能將品牌打造成型，推到社會的前台。

【案例現場】

日本有個企業家藤田先生，他是靠擁有麥當勞漢堡在日本的總銷售權，為日本所有的麥當勞速食店供應漢堡而發達的。但他最初，卻是靠推銷餐用刀叉謀生的。

有一年，他與美國油炸食品公司簽訂了一單供應三百萬把刀叉的契約，但由於某些不可抗拒原因，如果採用海洋運輸，藤田根本沒有任何可能按期交貨。而美國油炸食品公司主管是個猶太人，視信用為至寶，為商人的生命，如果藤田不能按期交貨，就會信用掃地，再也別想找到合作的機會。思來想去，藤田想出一個辦法，他租下了一架波音707，直接用客機將上百萬把刀叉空運到了芝加哥，按時把貨物交到了顧客手中，雖然虧損巨大，但藤田保住了信譽，也就保住了自己的買賣。

俗話說，禍不單行。也許是上帝對他的誠心要進行一番考驗，第二年，美國油炸食品公司再次向他訂購刀叉，這次的契約是六百萬把。這次同樣重演上一年的悲劇，意外同樣發生，如果藤田用海運，將重蹈不能按時交貨的覆轍，他再次租用波音707客機為自己運送刀叉。藤田的這兩次生意，兩次賠本，但他卻收穫了金錢買不到的東西，那就是信用。由於他良好的信譽，很快受到了商界的一致褒獎，為此，他贏得了美國麥當勞漢堡在日本的總銷售權，終於獲得了經營上的成功。

一個名牌產品，它隱含的企業的信譽是它與顧客互動的必備要素，並且決定了顧客最終的取捨。保證了產品的品質，企業在打造品牌時必須在服務等多方面維持良好的信譽。這要求企業必須有一個長久的品牌策略規劃，不能只為了眼前蠅頭小利，而不顧品牌的信譽度，損害品牌蘊含的特質，要像藤田先生那樣愛護自己的信譽，哪怕遭受經營上的虧損。品牌建設是一個長期的、連續的累積過程，必須從點滴做起，從小事做起，讓產品和企業的服務與市場和顧客的互動，能打下深刻的心靈烙印，並且要力求這些烙印是美麗的、健康的，而不是醜陋和有害的。用深刻的烙印增強品牌的吸引力和號召力，而不是膚淺的烙印消弱品牌的影響力。只有如此，才能不斷增值品牌的價值，累積品牌的資產，形成持久的市場美譽和顧客長期的追隨。

【試說新語】

企業打造自己的品牌，要著眼於未來，制訂長遠的品牌發展策略和計畫，要即時把品牌所具有的特質，傳遞給市場和顧客。始終與市場保持良好的互動，用持久的良好的品牌形象，打動消費者，影響社會，建立起品牌持久的影響力，使品牌成為消費者和企業之間最可靠的橋樑，把消費者牢牢吸引在企業的身邊。

賢人指路

世間沒有一種具有真正價值的東西，可以不經過艱苦辛勤勞動而得到的。

——愛迪生

策略46 櫻桃好吃樹難栽

——維護品牌從小事做起

品牌建設是個長期而艱巨的工程，維護一個品牌，需要從日常做起，從小事做起，堅持不懈，持之以恆。人們常說，櫻桃好吃樹難栽，一個品牌建立起來不容易，毀掉卻是不費吹灰之力。一件小小的事情處理不慎，就可能令企業辛辛苦苦打造出來的品牌變成了過街老鼠，給企業帶來滅頂之災。

【植物精靈】

櫻桃號稱百果第一，富含其他水果所缺少的鐵，但它很難栽種，所以人們都說「櫻桃好吃樹難栽」。

相傳，黃鶯和櫻桃從小在一起長大。黃鶯深深愛上了櫻桃姑娘，可是櫻桃姑娘卻愛上了春天從此飛過的黃鸝。黃鸝是一個俊俏青年，但是生性風流，見一個愛一個，得到櫻桃後沒幾天就棄她而去。櫻桃苦苦等待黃鸝能回到她的身邊，每年都會把自己鮮紅的心捧出來，希望以此喚回黃鸝的心。黃鶯見此很痛苦，就假冒黃鸝來啄食櫻桃的心。沒想到被櫻桃發覺了，她就在心裡藏了一個堅

硬的小石塊，告訴黃鶯，自己永遠不會變心，不可能愛上黃鶯的。黃鶯不甘心，因此每年櫻桃熟了的時候，都來啄食。

一個好的品牌，就是一棵櫻桃樹。如何維護好品牌，企業必須從小事抓起，當企業短期的效益與品牌發生衝突時，企業應該立足於長遠，以品牌為重，盡量不損害品牌的形象。當然，任何企業在品牌初創時期，都面臨著短期效益與長期利益的痛苦抉擇，很多企業往往很難抵擋住短期利益的誘惑，難以處理好產品和品牌之間的平衡關係，為了獲取短期利益最大化，不惜犧牲品牌的長遠利益。最後，企業的品牌失信於市場和消費者，而遭到唾棄。

【案例現場】

福特汽車家喻戶曉，但發展之路並非一帆風順。因為文化水準不高，對管理一竅不通，自己卻非要承擔經營管理工作，導致創辦人亨利．福特兩次創業都失敗了。好在亨利．福特是個意志堅定、愈挫愈勇的人，不久，他又開始了第三次創辦汽車公司，這次，他汲取了前兩次的教訓，聘請汽車界著名的專家詹姆斯．庫茲恩斯出任公司總經理。庫茲恩斯上任伊始，就為公司制訂了一套完整的管理制度，並採用了當時世界領先的流水線作業，大大提高了福特汽車的品質和性能，提高了生產效率，使得「N」型和「T」型福特轎車很快就風靡全美，暢銷世界，第一次把福特公司推向了鼎盛。

正在這個時候，老福特突然對總經理這個位置發生了濃厚的興趣，可能是老福特經過幾年對庫茲恩斯經營管理過程的瞭解，感覺不過如此吧！自信已經有能力管好企業了，就辭退了為福特發展奠定堅實基礎，立下赫赫功勞的庫慈恩斯，開始實行個人家長式的專制獨裁。

沒有制度做保障，很快整個企業的經營管理就陷入極度的混亂之中。任人唯親、嫉賢妒能，互相傾軋、勾心鬥角，素質低下、人浮於事，在多達五百多人擔任企業高級領導職務的隊伍中，竟然找不出一個大學本科畢業生。技術無人問津，財務管理混亂，報表原始落後，既無預算、也無決算，連死去多年的老工人，工資單上也赫然在列，工資照領不誤。工廠車間更是混亂不堪，工人消極怠工，組織紀律渙散，生產效率低下，公司漸漸滑落到破產的邊緣。

在即將倒閉破產的嚴酷現實面前，老亨利·福特不得不低下高昂的頭，承認自己的失敗，把公司交給自己的孫子亨利·福特。

亨利·福特二世掌管企業後，立即重金聘用了通用汽車公司副總裁歐尼斯特·布里奇擔任公司總經理。經過布里奇的撥亂反正、大力整頓，只用一年時間，福特公司再次起死回生，扭虧為盈，顯露出勃勃生機，並很快躍升為美國第二大汽車公司。不幸的是，歷史總是驚人地相似，福特二世很快繼承了祖父的「優良」傳統，一步一步剝奪了布里奇的經營管理權，獨自發號施令，掌管公司一切經營管理事務。結果可想而知，公司管理日益混亂，效益江河日下，歷史又開始了新的輪迴。

綜觀那些百年不衰的著名品牌，都會有一個共同的特點，它們的品牌維護，都是靠看不見的企業文化在支撐。這種企業文化雖然外在表現各不相同，但卻蘊含著一個普通的道理，那就是每個企業都有一個長期品牌發展的策略方針。這種方針始終貫穿於企業經營和管理的各個方面，絕不允許

有任何一絲對品牌的傷害行為。這種品牌信念，隨著企業文化的不斷延伸和深入發展，不斷帶來品牌的品質提升，最終使品牌上升為一種文化象徵和符號。SONY如此，賓士、西門子、可口可樂、雀巢，眾多的世界名牌，無不如此。

【試說新語】

企業初創品牌，維護品牌，要堅持品牌對顧客的價值高於產品的價值。只有如此，企業的品牌建設才有著力點，才能承受得住市場和顧客的檢驗，進而打造出企業的核心競爭力。

賢人指路

不存在的事物可以想像，也可以虛構，但只有真實的東西才能夠被發明。

——羅斯金

策略47 人參無腳走萬家

——軟傳播的持久效應

【植物精靈】

有兩個兄弟去深山裡打獵，打了很多的獵物，卻遇上了大雪，被大雪封在了深山裡。他們只好躲進一個山洞中，靠吃打到的獵物維持生存。很快獵物被吃光了，兩人只好出去到洞邊尋找野菜充饑。

有一天，他們找到一種人形的植物根，吃起來味道甜絲絲的，於是就挖了很多拿回來充饑。他們發現吃了這種東西讓人渾身長勁，但吃多了就會流鼻血。所以每天只能吃一點，維持生存。轉眼春天來了，冰雪融化了，兄弟倆就帶一些人形的植物根下山了。村裡人以為他們早死了，見他們安全地回來，紛紛詢問是怎麼活下來的。兄弟倆就給人們看了帶回來的人形植物根，並講了靠這種東西活下來的經歷。人們紛紛稱奇，就把這種植物根叫人生，就是能夠讓人活下來的意思，後來改稱人參。從此，人參的神奇傳遍了天下，成為人間最尊貴的補品之一。

人參是一種植物，卻可以「轉胎」，也就是說，人參具有再生能力。假如人參芽胞受到動物或昆

蟲的損傷，這個芽就停止生長，人參根就在土壤裡休息一年，來年重新長出芽胞，繼續開始生命之旅。

人參無腳走萬家，它不用自己宣傳，就已經深入了天下人的心。企業的品牌要想深入人心，藉助口耳相傳手段不失為一種具有持續長效的辦法。一曲校園歌曲「外婆的澎湖灣」，使澎湖灣揚名海內外，一躍而成為著名的休閒旅遊勝地，比耗費鉅資長年累月的強力廣告效果不知好上多少倍。這就是軟傳播的巨大威力。

經過經濟危機的蕩滌，很多企業遭遇到了品牌傳播滯澀的困惑，全方位立體化持久戰的打廣告，效果日漸式微。這種硬傳播雖然信息量大、密度大，但傳播內容單調、方式簡單重複、視角固定單一，天長日久，受眾不僅會產生視覺疲勞，熟視無睹，甚至會厭惡反感。而軟傳播講究的是潛移默化，著眼於品牌形象傳播的視角，從邊際內容入手挖掘品牌傳播的途徑，用隨風潛入夜，無聲無息的潛移默化方式深入到人們的思維和心靈中去。

【案例現場】

一個封閉的偏遠小鎮，鎮上的人們只能收聽到兩個電台的廣播。第一個電台的內容，主要是廣播名人消息、明星訪談、熱門歌曲排行榜等娛樂八卦節目，鎮上大部分人是忠實的聽眾，收聽率相當高。第二個則是氣象部門專業電台，只播放與氣象相關的內容，它在小鎮的收聽率很低，只有很少一部分人聽。有天晚上，氣象電台發布了一個緊急警報，警告居民說，一個威力巨大，破壞力極強的龍捲風，將在午夜到來襲擊小鎮，呼籲小鎮人們立即疏散至別處，轉移到安全的地方去。正在收聽氣象電台的那一小部分鎮民，不敢怠慢，立即行動起來，有的急忙跑去找鎮長彙報情況；有的跑上大街，敲鑼打鼓通知鎮上居民；有的打電話給第一電台，請求播出龍捲風即將來襲的消息，讓更多的人知道情況的嚴重。當鎮長聽了彙報後，對眾人說：「本鎮從來沒有發生過龍捲風，這個消息可能是電台的誤播，或者為了提高收聽率故意捏造的。」鎮長是個德高望重的人，平時人們都非常信任、尊敬他，他這麼一說，眾人都說那些敲鑼打鼓散佈消息的人是瘋子，於是各自回家收聽第一電台的節目去了。而第一電台以正在直播現場訪問名人節目，拒絕了鎮民關乎生死存亡的請求。不幸的事情不可避免的發生了，小鎮被龍捲風夷為平地，不復存在。

這是一個硬傳播和軟傳播交織作用的故事。第一電台靠軟傳播贏得了聽眾和收視率，第二電台靠硬傳播完成自己應該完成的使命。得到龍捲風消息的鎮民，透過硬傳播把消息傳遞給了鎮長和鎮民，而鎮長以日常口耳相傳樹立的形象，贏得了鎮民的信服，結果相信了鎮長的判斷，導致整個小鎮遭受了滅頂之災。在這個故事中，軟傳播的強大威力充分得到了顯現，而硬傳播在這關鍵時刻卻遭受質疑，顯得蒼白無力。

要發揮軟傳播達到企業品牌形象傳播的作用，一般要遵循三個原則：

第一，從平民視角出發，不能像硬傳播那樣居高臨下，俯視受眾，傳播什麼，怎麼傳播，完全從自身立場考慮，以自己的需要看問題，給人一種強行灌輸，難以接近之感。而應該像熟人朋友見面那樣，平等相待，親切隨和，增強交流感和認同感，雙向溝通，使受眾在不知不覺中接受並認同企

業的品牌形象。

第二，從邊際、周邊開始滲透，逐漸深入，細膩地挖掘貼近公眾生活，符合公眾日常情感需求的人和事，注重親和力和感染力，潛移默化，慢慢浸潤，逐漸深入人心。

第三，採用輕鬆、溫柔的方式打動，不過強，不過硬，不灌輸，不強迫。內容不可千篇一律，生硬死板，要親切訴說，娓娓動聽。

【試說新語】

從口耳相傳的實際應用來看，一般有以下幾種傳播方式。流傳企業故事，品牌故事；創辦企業內刊；樹立企業老闆公眾形象；創作企業之歌；開設企業網站；開通企業部落格；聘請企業形象代言人；編輯出版企業書籍；舉辦企業聯誼會等等。這些方法根據企業自身實際，綜合運用，靈活運用，不可照搬照抄，生搬硬套，畫虎不成反類犬，影響企業品牌形象，反而起到反作用。

賢人指路

當你在做交易時，首先考慮的不應該是賺取金錢，而是要獲得人心。

——佚名

策略48 洛陽牡丹甲天下

——品牌就是競爭力

經濟危機過去，整體經濟開始復甦，品牌成為企業搶佔市場，謀求長期生存和發展的內在動力和關鍵因素。在全球一體化的經濟格局中，企業的核心競爭力逐漸演變成品牌競爭力佔主導地位的局面。洛陽牡丹甲天下這句話，就是一個典型的品牌競爭力的案例。

【植物精靈】

牡丹是花中之王，雍容華貴，歷來為天下貴族公卿、文人雅士所推崇，其中又以洛陽牡丹最為聞名，自古就有「洛陽牡丹甲天下」之說。

武則天是歷史上第一位女皇帝，威儀四方，天下臣服。有一年冬天，她在上苑遊玩，邊喝酒邊欣賞雪景。喝醉後，她在一塊白絹上寫了一首詩，詩中說：「明朝遊上苑，火速報春知。花須連夜放，莫待曉風吹。」意思是，明天我還來上苑玩，快點報告春知道，所有的花都要連夜開放，不要等到早晨風吹來。寫完讓宮女在上苑燒掉，以此來通知給花神知道。百花仙子接到武則天的詔令，急忙命令眾花開放。第二天，所有的花都按時開放了，唯獨牡丹沒有服從武則天的命令。武則天一

怒之下，命令下人燒毀了上苑所有的牡丹，並將其貶出長安，扔到洛陽的邙山去。邙山偏僻淒涼，武則天的目的就是想把牡丹絕種，誰知道牡丹不僅活了下來，還比以前更加豔麗華貴了。

品牌是企業最有價值的無形資產，具有特殊的附加價值，是當代企業最為重要的核心競爭力。一個能長期在市場上不斷發展壯大的企業，一定有其品牌核心競爭力。這種品牌競爭力，需要不斷培養、維護、鞏固，以及完善，它透過產品和服務使企業的競爭力在市場上得以商品化，並逐漸物化出來，化成勝果。

品牌的建立，是企業與市場和客戶之間相互信任，互動交流的基礎上，不斷累積演化而成的。為此，企業的品牌管理應該是感性與理性的完美結合。

首先，要讓品牌具有足夠高的知名度，其目的是為了讓客戶獲得關於企業、產品和品牌的足夠資訊，充分瞭解品牌的內涵和品質。

其次，要贏得顧客對品牌的尊重，與顧客建立起良好的互動關係，進而對品牌產生信任。

最後，透過產品和服務交流，培養顧客對品牌的忠誠，使之產生對品牌的依賴感，使企業和顧客之間水乳交融，緊密合作，進一步促進品牌的穩固和持久。

【案例現場】

一九一三年，香奈兒創立於法國巴黎。這個品牌產品眾多，包括服裝、珠寶首飾、香水、化妝品等，多數為女性專有產品。它的每一種產品都聞名天下，暢銷不衰，尤其是時裝和香水。一看到這個著名的品牌，就會讓人想起那永遠高雅、簡潔、精美的女性時裝，還有令女性永遠著迷的香奈兒五號香水的迷人芳香。

創辦香奈兒的香奈兒女士，關於她與香奈兒五號香水的故事頗耐人尋味。香奈兒五號，可以說是來自於香奈兒女士的幸運數字五，當眾多的香水樣品擺在她面前的時候，她毫不猶豫地伸手選擇了第五支香水。她說：「這就是我所需要的，一種截然不同於以往任何其他的香水，這才是女人的香水，氣味香濃，令人永難忘記的女人。」這種女人直覺式的選擇，可能令她錯過了那些真正的好香水，不過，有時候女人的直覺是對的，就像香奈兒女士的香水理念一樣：「要強烈得像一記耳光那樣令人難以忘懷。」香奈兒五號為香奈兒帶來了成功，雖然它對大多數女人來說，就像是一記耳光，因為它強烈的味道，給人的感覺並非愉快，要女人為一記耳光陶醉，多少有點難。可是正因為如此，卻迎合眾多女人內心蠢蠢欲動的叛逆之情，她們就是要用這記耳光，狠狠地抽到男人的臉上。

這種混合了眾多香精的香水，讓人耳目一新，也讓人記住了香奈兒這個品牌。做為產品的香奈兒五號，並非需要持久的香味，做為品牌的香奈兒，卻真的成了一記耳光，所有人都想忘記，卻始終沒有人能夠忘記，有時隱痛比快樂更讓人無法釋懷。

對於企業來說，擁有市場和顧客就意味著品牌的成功，可以說品牌就等於市場。衡量企業品牌競爭力的重要標準，就是看企業滿足顧客需求和維持企業與顧客關係的能力。為此，企業品牌管理的重要策略就是把顧客的資訊做為策略性資源來管理，準確評估顧客的持續價值，時刻能滿足顧客不

斷提升的期待，使自己的策略與顧客持續的價值始終相匹配。做到了這些，企業品牌的競爭力就會始終與市場和顧客的需求保持同向，並不斷提升。

品牌就是競爭力，這已經毋庸置疑，這不單是企業提高產品品質、降低生產成本和進行行銷促銷就能解決的問題。品牌的競爭力，逐漸演化成企業與顧客之間培植彼此親密關係的一種溝通的能力。

【試說新語】

企業如何建立品牌，發揮出品牌的競爭力，是企業長期而艱巨的任務。要把品牌轉化成企業的無形資產，讓消費者心甘情願地成為品牌的擁有者和依賴者，使其對品牌的需求常態化。進而為企業提供足夠的利潤增長空間，把品牌的競爭力轉化成企業長久的利益管道，推動企業向前發展。

賢人指路

每一點滴的進展都是緩慢而艱巨的，一個人一次只能著手解決一項有限的目標。

——貝弗里奇

向強者看齊

百事可樂VS可口可樂：把雞蛋放在籃子裡的不同方式

有人說，不要把雞蛋放在一個籃子裡。很多人認為這句話有道理，但可口可樂不這麼想，它一直堅持把雞蛋放在一個籃子裡。而它的追隨者，最大的競爭對手百事可樂，卻從善如流，毅然把雞蛋放在了不同的籃子裡，結果如何呢？不妨讓事實來說話。

可口可樂和百事可樂這對生死冤家，持續競賽已達百年，可口可樂長期佔據主導地位，百事可樂長久以來生活在它的陰影下，力圖擺脫，又總是落後半步，但這種局面近年來有了改觀。可口可樂始終堅持如一，它所有的利潤收入都來自百年不變的飲料產品，而百事可樂則試圖走產品多樣化的道路，力圖用眾多的產品花樣，拓展收入來源，超越可口可樂，這一招逐漸顯露出成效。

百事可樂把雞蛋不僅放在了可樂的籃子裡，還放在了零食的籃子裡，同時，飲用水和果汁飲料也成為它們放雞蛋的新籃子。這就保證了百事可樂收入來源的多管道化，正像有人評價的那樣，兩者相比之下，百事可樂的模式更勝一籌，如果一個市場陰雨連綿，可能另外的市場正陽光燦爛。這就保證了它不會像可口可樂那樣高風險，不會脆弱到經不起市場一次大的挫折。

百事公司是僅次於雀巢、卡夫和聯合利華的全球第四大食品和飲料企業，它旗下除了百事可樂，還有Aquafina礦泉水等十六個品牌的產品，僅這些品牌，每年就要為百事可樂創造十億美元以上的營業收入。在全美超級市場十五個最暢銷的食品和飲料產品品牌中，百事公司就佔了六項，不僅比可

口可樂，而且比其他任何公司都要多。二〇〇五年，百事公司的年銷售額達到了二百九十億美元，而可口可樂的年銷售只有二百二十億美元，第一次完成了對對手的真正超越。

雙方在投資者眼中的際遇也開始發生了變化，百事公司成了投資者的新樂園，而可口可樂卻日漸顯出蕭條的氣象。自從可口可樂被投資巨鱷巴菲特收入囊中後，要想讓可口可樂把雞蛋放在更多的籃子裡，又有了新的難度。

在國際市場的競爭上，百事公司沒有與可口可樂針鋒相對，它避開了可口可樂的優勢，而是用零食產品放手一搏，並收到了良好的效果。它的海外營業收入，並不比可口可樂差，甚至已經超越了對手。

百事可樂與可口可樂的競爭，還將繼續上演下去，關於把雞蛋放在幾個籃子裡才最安全，這樣的爭議也將繼續下去。關於確定哪種模式更好，一切都得市場說了算。

第十章

有些花草根基牢

——企業文化是永動機

策略49

未出土時先有節

——像竹筍一樣規劃好企業的策略

企業策略又稱企業宗旨，主要指企業存在的目的以及對社會發展的某一領域、某個方面所承擔的責任和應做的貢獻。企業願景是企業的理想和未來發展的藍圖，也是企業策略設想。企業策略和企業願景，都是企業對於自身未來發展和擔負使命的一種承諾和前進的目的方向。

【植物精靈】

托塔天王李靖，有一次奉玉皇大帝之命，下界捉妖。妖精是一個蜘蛛精，會使用套馬索，就和李靖在一片山坡上打了起來。蜘蛛精戰不過李靖，就拋出了套馬索，把李靖的寶塔給套走了。妖精拿到寶塔後就逃進了洞中，再也不敢出來了。李靖丟了寶塔，只好收兵回天庭去了，寶塔最後被妖精埋在了樹林裡。

一天，李靖帶著雷公、電母下界找寶塔，一陣電閃雷鳴過後，也沒有找到寶塔，李靖急得大哭起來，眼淚滴在了樹林中。第二天，埋寶塔的樹林就長出了一棵竹筍，與寶塔一模一樣。可惜，李靖再也看不到了，他丟了寶塔，被玉帝貶回陳塘關老家了。從此，寶塔為了讓李靖看到，就長成了高

大的竹子，而且年年都會冒出新筍，盼望李靖能夠看到，再把它帶回到天庭。

竹子在未發芽時，就已經定好了節數，就算直衝雲霄，也不會有新的竹節生成，這是竹子的特點。挖一根竹筍，就知道它長大後有多少節。

企業策略就像竹子未出土時先有節一樣，要在企業成立之初就要規劃好。企業策略和企業願景不僅提出了企業未來的任務和使命，也顯示了企業要完成這些任務和使命，需要採用怎樣的行為規範等等。儘管每個企業的策略和願景各不相同，但都基本表達兩個方面的內涵：一個是表明了企業存在的目的，就是企業是幹什麼的，將按照什麼原則行事；另一方面表明這一企業有別於其他企業的形象特點是什麼。

目前，許多企業都在實施「策略管理」和「願景管理」，其本質和內涵是相同的，都是用策略和願景指明企業的前進方向，以此做為企業一切經營活動的綱領。進而圍繞企業的策略目標，做出各種經營計畫，開展各種經營活動，做到有計畫、有目的地實施企業的各種管理和經營活動。並用策略和遠景來激發增強企業員工的服從意識，提高企業員工的忠誠度，增強企業的凝聚力，激勵員工的鬥志，提高員工的執行力，為實現企業的長久目標而共同努力和奮鬥。

【案例現場】

曾經名噪一時，一年二億天價勇奪中國大陸央視廣告標王的秦池集團，幾乎家喻戶曉，白酒銷售額最高年分達到銷售額十六億。但僅僅經過三年時間的繁榮，就在大家的視野裡徹底消失了，究其原因，就是秦池一直沒有明晰的策略規劃和策略目標。雖然秦池酒靠廣告快速獲得了高額的資本累積，但它並沒有把精力用在打造綠色秦池這一有著巨大發展潛力的白酒品牌上，而是為了追逐短期利潤，盲目投資自己不熟悉的保健品行業，結果不僅沒有開發出吸引消費者的保健產品，而且也使一夜成名的秦池酒一敗塗地。

人無遠慮必有近憂，企業經營也是如此，如果秦池能抓住「綠色秦池」的特色，制訂出長遠的策略目標，圍繞自己產品的綠色環保這一社會價值，打牢基礎，也許秦池就會有著截然不同的另一種命運。很可惜，投機心理和短視行為使秦池盲目地追逐市場熱門行業，以為只要靠自己強大的廣告支撐，就能迅速打開市場，而不需考慮將來如何。這種只顧眼前的經營行為，雖一時僥倖賺取高額的利潤，但最終迷失方向，跌倒在失敗的泥沼。

卡內基對此曾有一個非常生動的比喻，他說：「沒有確定策略的企業就如無家可歸的流浪漢一樣。」很多企業就是既沒有遠景規劃，也沒有追求目標，靠市場機會主義僥倖生存。管理學家德魯克就曾尖銳地指出：「企業經營所受的挫折和失敗，很大程度上歸因於對經營目標的忽視。」事實上，如果企業處於激烈的市場競爭中，卻沒有方向感和貫穿始終的經營策略、經營目標，不知何去何從，那麼它的結局只能有一個，也是所有企業最不想看到的結果——破產倒閉。

企業的策略和願景，是企業的行動綱領，尤其是面臨經濟復甦，市場百廢待興的局面。企業要想重新振興，必須對企業的發展目標和發展前景進行詳細的規劃，並在企業策略的指導下，緊緊圍繞企業的長遠目標，穩紮穩打，一步一個腳印地前進，才能使企業始終不偏離自己的方向，最終成為

市場上的常青樹。

【試說新語】

企業制訂策略規劃，要立足企業的現實和所處行業的市場狀況，以及行業的未來方向，不能好高騖遠不切實際，也不能畏首畏尾，成為企業發展的緊箍咒。既能操作實施，又能指引方向，對企業的發展起到指引和規範作用，同時適應企業的不斷發展的需求，使企業的經營不盲目、不冒進，按部就班發展。

賢人指路

社會猶如一條船，每個人都要有掌舵的準備。

——易卜生

策略50 莧菜根裡紅

——塑造個性鮮明的企業形象

人們透過企業的產品特色、員工風貌、銷售策略等各種標誌和行動，而產生的對企業的整體形象，被稱為企業形象。它是企業文化的重要外在表現形式，是企業與社會互動過程中，企業留給社會和顧客的總體印象，也是顧客對企業綜合素質的直接判斷。一個企業鮮明的個性形象，往往容易使其更容易受到市場和顧客的關注，就像莧菜獨特的紫紅色一樣，提高人們的關注度，有利於市場和顧客對企業的識別。

【植物精靈】

莧菜是人們喜歡吃的一種野菜，這種野菜根是紅的，是製作天然色素的好原料。

相傳有一個老奶奶，養了一隻大紅公雞。這隻大公雞不愛打鳴，每天喜歡趴在菜園中啄食老奶奶辛辛苦苦種的一點蔬菜，像是黃瓜、豆角、茄子，只要結果的，都被牠啄吃。老奶奶很生氣，但又捉不住牠，害得老奶奶自己沒有菜吃，連給菩薩上供的蔬菜，也沒有像樣的了。菩薩看到了很生氣，就托夢給老奶奶，說菜園裡長出了一種新的菜，叫莧菜，葉子有紅芯，摘來用熱水一燙就可以

吃。

第二天一早，老奶奶到菜園一看，沒有了大紅公雞，果然見一棵高大的莧菜長在那裡，就採回了家。原來，菩薩為了懲罰大紅公雞糟踐老奶奶的菜，就把牠變成了一棵莧菜。從此以後，人們就都喜歡上了這種菜，有一種說法就叫「五月莧菜芽，香過毛雞爪」。

企業形象是企業是透過外部形象塑造和企業經營實力展現出來的，被消費者和社會公眾認同的企業整體形象。企業的管理水準、經營水準、生產水準、資本實力、產品品質；員工的服從意識、精神風貌、工作作風、工作素質、服務態度；團隊的凝聚力、創造力、執行力；企業的廠房、招牌、廣告、商標、社歌、社報、網站、部落格；企業宣傳活動、公益活動、文藝演出、員工娛樂、社會贊助等都是展示塑造企業形象的有機組成部分。企業形象好壞，即取決於企業的管理者，也取決於企業的整體協作意識。

企業形象有內在形象和外在形象、實態形象和虛態形象、正面形象和負面形象、直接形象和間接形象、主導形象和輔助形象等分別。同時企業形象有好壞之分，好的企業形象能夠帶來市場和顧客對企業的認可，能夠促進企業產品的銷售，提高企業的美譽度和顧客的忠誠度，有利於企業品牌的建立和鞏固；壞的企業形象對企業產品的銷售會起反作用，會引起顧客對企業的反感，進而拒絕消費企業的產品和服務，令企業的品牌無法得到社會和顧客的認可，最後可能被逐出市場。

【案例現場】

古時候，有一位修養深厚的禪師，為了培養弟子的悟性，就給他一塊長相很奇特的石頭，讓其拿到集市上去試試行情。他叮囑弟子，不要賣掉石頭，多問問幾個人，看看他們有什麼反應，回來把菜市場的人能出的最高價告訴他就可以了。弟子到了菜市場，人們看過石頭後，出的最高價就是幾枚銅錢而已。弟子回來後，禪師又安排弟子去黃金市場試試，還是只問價不賣。弟子從黃金市場回來後，高興地對禪師說，這些人很識貨，他們願意出五十兩銀子。

禪師聽了，又對弟子說，那你再去珠寶行看看。弟子跑到了珠寶市場，立刻有人圍上來，說願意出二百兩銀子，弟子簡直不相信自己的耳朵，他連忙說，不賣，不賣。又有人圍上來說，願意加一倍價錢。最後，人們把價格抬到了一千兩銀子，甚至有的說，只要賣，要多少價給多少。弟子實在無法相信，這些人簡直就是瘋了。

同樣的一塊石頭，在不同的市場裡，會顯示出不同的價值，這一差異，對企業樹立自己企業形象，有很好的借鑑意義。企業塑造形象，就像把石頭放在不同的市場一樣，好的企業會無形提高企業的產品價值和品牌地位，得到市場認可和顧客的青睞，為企業帶來豐厚的利潤回報和長久的市場地位。

很多企業策略意識淡漠，企業文化建設就只能停留在口頭上、紙面上，企業形象自然好不到哪去。員工也是各有各的打算，沒有凝聚力和向心力，唯以追逐短期利益為目的，雖能偶爾獲得一次高額的利潤，但後勁不足，容易停滯不前，甚至逐漸衰微直至倒閉破產。所以，企業良好形象的樹

立，也是解決企業可持續發展的關鍵。

【試說新語】

經濟復甦中，企業要快速搶佔市場，樹立一個良好的企業形象非常重要。

首先，要練好自己的內功，努力提高自己的產品和服務的品質，用滿足顧客的需求來贏得顧客的好感。

其次，要加大企業的資訊傳播速度，透過廣告、口耳相傳等各種方式，把企業的整體形象推到社會和顧客面前，讓社會和顧客全方位瞭解企業，加深對企業的印象形成。

最後，處理好各種公共關係，以贊助公益活動、參加募捐等行動，樹立企業良好的社會形象，展現企業良好的精神風貌，最後建立起個性鮮明、努力向上的企業形象。

賢人指路

一個人有了發明創造，他對社會做出了貢獻，社會也就會給他尊敬和榮譽。

——羅·特雷塞爾

策略51 茶葉味苦卻提神

——社會使命得人心

每個企業要想長足發展，必須具有強烈的使命感，只有勇於擔負起推動社會發展的重任，為社會發展做出自己應有的貢獻，企業才能贏得社會的尊重和支持。如同茶葉一樣，味道雖苦，卻可以為人們清醒提神，進而贏得人們的喜愛。

【植物精靈】

幾千年來，茶葉早已深入人心，用茶葉泡水喝，有提神清心、消食化痰、生津止渴、去膩減肥等功效。在日常生活中，喝茶和吃飯幾乎同等重要，所以人們常把「茶餘飯後」一詞掛在嘴上。

上古時候，神農氏為了給人們治病，遍嚐百草，他有一個水晶的肚子，從外面就能看見各種食物在身體腸胃內發生作用的情況，進而找到能治病的草藥。當他把茶樹的葉子放到嘴裡嚼隨嚥到肚子裡的時候，發現茶葉把一些對人體有害的物質都給清理掉了，腸胃被清洗得乾乾淨淨。後來人們將這種樹葉稱之為茶，於是，飲茶就成了人們很重要的一個飲食習慣，流傳至今。

價值觀是企業使命感的基礎和紐帶。企業的價值觀是企業面向社會，面向市場的共同價值準則，

是社會和顧客對企業經營的意義、目的、宗旨進行綜合價值判斷的依據，進而形成對企業所採取的態度相對應的參照體系。企業的價值觀和使命感，決定了企業的價值目標，也決定了社會和顧客的行為取向，決定了企業的發展未來。因此，只有樹立正確的價值觀和強烈的社會使命感，才能樹立企業的公信力，獲得長足發展。

一個企業的存在，絕不是為單純的盈利，除了獲取利潤外，還肩負著眾多的社會責任，例如服務社會、繳納稅款、解決就業、用產品和服務滿足消費者物質和心理需求、提高員工素質和社會責任感、慈善活動等等。如果一個企業從管理階層到員工都缺乏對這些責任起碼的認識，沒有承擔起這些責任的使命感，只圖眼前利益和利潤，那麼這個企業不可能走遠，很快就會被社會所淘汰。綜觀現今所有成功的企業，無論大小，沒有任何一家是以盈利為企業最高使命和追求的，他們大多把服務社會、貢獻社會、改善提高人們生活品質、造福人類、推動人類社會不斷發展等崇高的社會使命感，做為自己企業的企業精神，做為建設自己企業文化的核心和重點。

【案例現場】

一個建築工地上，老闆看到三個工人正在不同的位置砌牆，就走到第一個工人身邊，漫不經心地說：「我們要砌一道牆。」接著走到第二個工人那裡，不動聲色地對第二個工人說：「我們在建一座房子。」最後來到第三個工人面前，極目遠眺，彷彿看到一座秀麗的城市正在腳下慢慢升起，於是充滿自豪地說：「我們正在建設一個美麗的城市！」

工程結束的時候，老闆再次來視察，他發現第一個工人把牆砌得歪歪斜斜，凹凸不平，輕輕一推好像就能推倒。老闆責問他為什麼不認真，他滿不在乎地回答：「不就是一堵牆嘛！」第二個工人把牆砌得中規中矩，結實牢固，老闆很滿意，就問他是怎麼做到這一點的，工人回答：「我們是在建一所房子，牆是房子的關鍵，牆要倒了，那就很危險了。」第三個工人砌的牆讓他眼前一亮，只見那道牆平正筆直，每一個細節都處理得非常完美，彷彿精雕細刻一般。那些缺棱少角、扭曲變形的磚都被挑了出來，整齊地擺放在一邊，沒有一塊用到牆上。

這一幕，讓老闆陷入了深思：給員工什麼樣的理念，員工就會給你什麼樣的結果。

「發展企業，回報社會」和「唯利是圖」，是兩種截然相反的企業價值觀和使命感，體現了不同企業的價值追求。這兩種價值觀和使命感，對社會和顧客的感召力，影響力也有很大的不同。唯利是圖，只以眼前盈利為目的，會令社會和顧客對企業缺乏信任感，對企業的經營行為疑慮重重，對企業的產品和服務缺乏熱情，進而排斥企業的產品，最終迫使企業退出市場。懷揣理想，具有強大社會使命感的企業，對顧客的吸引力、感召力和影響力都是非常巨大的，這樣的企業文化首先就會令顧客有種莊嚴神聖的感覺，肅然起敬，對企業產生由衷的敬佩之情。進而會因為自己是企業的顧客而產生強烈的自豪感，不僅對精神產生鼓舞，而且自然而然地就會自覺支援企業的目標，主動消費企業的產品，為企業製造良好的社會環境和氣氛，自覺推動企業的發展。

同時，企業神聖的社會使命感，會令企業員工對企業有認同感、歸屬感。自覺遵守企業制度，積極主動工作，開拓進取，努力完成工作目標，也就成為理所當然的事情了。所以，成功的企業，自

然肩負著神聖的使命，並用自己神聖的使命牢牢地凝固住所有員工的心，最終走向了輝煌。

【試說新語】

企業要想在經濟復甦中，贏得社會和顧客的支持，必須要樹立起強烈的社會使命感，量力而行，為社會分憂解難。不僅要為顧客提供優質的產品和服務，還要為社會的文化、慈善、公益活動盡自己最大的努力，只有如此，才能使企業樹立良好的社會形象，獲得更大的發展空間。

賢人指路

把金錢奉為神明，它就會像魔鬼一樣降禍於你。

——菲爾丁

策略52 艾草懸門

——有傳說就有生命

任何企業的文化建設和傳播都是一個長期而艱巨的工作，藉助企業故事和傳說，傳承和擴散企業文化，展現和宣揚企業的文化內質、策略方向、價值觀念和經營理念等，是一個非常有效的策略。對於提高企業文化的傳播速度，培育企業自己的品牌，有十分重要的作用。

【植物精靈】

艾草是一種用途廣泛的植物，不僅能食用、針灸、洗浴，還用來辟邪。每年端午節之際，人們都要採來新鮮的艾草，懸掛在門上，用來驅魔辟邪。

古時候，邪魔鬼魅經常出來侵擾百姓，殘害生靈，令百姓的日子不得安寧。特別是晚上人們睡熟以後，邪魔鬼魅就會大搖大擺地出來，嚇唬一些睡不著覺的小孩。人們難以忍受邪魔的侵擾，就去天庭告了一狀，希望玉帝能為民除害。於是，上天派了一個叫艾的神仙下凡來驅除這些邪魔鬼魅，艾到了人間，很快就把這些邪魔鬼魅趕走了。臨回天庭時，艾拔下自己一綹頭髮撒落在大地上，地裡就長出了很多艾草，散發著一種特有的香味。艾告訴人們，這種草叫艾草，每年端午節，邪魔鬼

魅出來活動的時候，掛在屋門上，邪魔鬼魅聞到艾草的香味就會嚇跑。從此，家家戶戶都有端午節門口懸艾的習俗了。

企業形象一般有三個層次，外在形象、制度形象和內在文化形象。其中，企業故事和傳說有締造、詮釋、傳播和教育的功能，對企業文化的形成功不可沒。

企業故事和傳說，是指發生在企業身上的那些具有連貫性，富有極強的吸引力的事情。它具有典型性和親和力，既可以發生在企業的老闆經理等管理階層身上，也可以發生在企業的員工身上，還可以是企業的整體事件。它一般要具備人物形象、故事情節、人情世故、社會問題等諸多要素和特質，以此來渲染企業的文化，讓社會和顧客產生對企業良好的印象和對企業行為的認可。

【案例現場】

追溯起牛仔褲的起源和歷史，就不能不提美國牛仔之父李維．史陀。一八五〇年出生於德國的李維是個道道地地的猶太人，由於家境一般，沒能夠讀大學。一八七〇年，他抱著發財的夢想，加入了美國西部大淘金的熱潮，但沒多久，他就退出淘金行列，開了一家日用百貨小店，並累積了一些資金。

某次，李維深入淘金廠礦推銷帆布、線團等帳篷用品，一個淘金者對他說，你銷售的帆布是做帳篷用的，如果你能用帆布做成褲子，肯定會受到一堆人的歡迎。李維忙問為什麼，那個淘金者說，我們現在穿的褲子都是棉布的，不耐磨，很容易破，帆布結實耐磨，穿來工作會更方便。淘金者的話立即引起了李維的注意，他立即買來帆布，找工人縫製了一批帆布褲子，結果銷量特別好，淘金工人紛紛掏錢預訂。就這樣，世界上第一條牛仔褲誕生了，李維因此發了一筆大財。

隨著產品的成功，銷量大增，李維成立了Levi's品牌，專門生產這種帆布料的牛仔褲。公司根據市場需要，淘金工人的工作特點，對牛仔褲的樣式和品質進行了改進和完善，更加突出礦工的勞動需求，尤其Levi's 501的問世，礦工穿上十分合體，特別是「撞釘」的專利發明，更加突出了牛仔褲的特色。

原來，李維他們瞭解到礦工常常要把礦石樣品放在褲袋裡，他們就替牛仔褲加縫兩個臀袋，這種口袋用線車縫很容易開裂，他們就改原來的縫製，用釘子釘牢，袋口用發明的一種撞釘，做為鈕扣的替代品。後來，李維發現，一種嗶嘰布比帆布更柔軟，耐磨力也不比帆布差，於是做成了褲子。

這種牛仔褲一出現，很快就在美國青年人中流行了起來，最後成為風靡世界的時裝，製造了一個服裝界的神話。

每個企業都有獨特的從事生產經營和管理活動的方法和原則，以此來指導一個企業所有的經營行為，在此基礎上，就會發生一些生動的經營故事。企業的建立和發展是複雜曲折的過程，自然會發生各式各樣的事情，沒有故事和傳說是不可能，企業如何利用這些故事和傳說，使之成為企業文化最生動活潑，最有活力和創造力的因數，是加快企業文化的塑造和傳播，增進企業形象美化的重要任務。

企業故事和傳說，種類很多，有創業故事、經營故事、變革故事、管理故事、寓言故事和英雄故

事。不管是哪種故事，都是企業的文化的重要資源，都要很好地加以整合、演繹、加工和發揮。

【試說新語】

企業文化建設中，故事和傳說的萃取和傳播，要緊密結合企業的策略和價值觀。只有企業經營的環境和經營的方式，與企業的各種活動形成良好的互動，才能使企業的故事和傳說更加具有可傳播性和可接受性。同時，還要增加企業故事和傳說的吸引力和感染力，使之真正發揮出對企業文化塑造所起的應有的作用：美化企業形象，增加企業文化的深度，為企業的長久發展提供源源不竭的內在動力。

賢人指路

果實的事業是尊貴的，花朵的事業是甜美的，但還是讓我在默默獻身的陰影裡做葉的事業吧！

——泰戈爾

策略53

千年鐵樹開了花

——百年文化，百年基業

管理大師卡內基曾經說過：「帶走我的員工，把我的工廠留下，不久後工廠就會長滿雜草；拿走我的工廠，把我的員工留下，不久後我們還會有個更好的工廠。」卡內基為何如此自信？是因為只要員工在，企業文化就在。有了企業文化之根，企業的種子就會發芽、壯大，重新長成鬱鬱蔥蔥的參天大樹，像千年鐵樹開了花一樣，終於綻放出華彩篇章來。

【植物精靈】

鐵樹因為樹幹堅硬而得名。有一種鐵樹叫蘇鐵，生長極其緩慢，樹齡可達兩百年以上，它雌雄不同株，花期不一致，所以很難見到這種鐵樹的種子，故而民間有千年鐵樹開了花一說，以示其罕見。

南宋岳飛是一代忠臣，鐵骨錚錚，因莫須有的罪名被奸臣陷害，含冤而死。臨死他對身邊的一棵鐵樹說：「我死後，靈魂就來和你做伴，等我的冤情得雪的時候，你就開花給我看，我就可以含笑九泉了。」從此以後，鐵樹再也沒有開花，直到後人為岳飛平反昭雪，恢復了他的名譽，鐵樹才開

了花。

世界所有成功的企業，都有其深厚的企業文化。麥當勞、微軟、SONY、福特、可口可樂，一個個耳熟能詳的品牌、企業，哪一個不是企業文化結出的碩果？麥當勞之所以能夠得到世界各地眾多消費者的青睞和喜愛，並非因為它的漢堡、炸雞翅、薯條多麼好吃，而是它的文化蘊含的魅力，給消費者帶來的快樂。走遍世界各地，麥當勞速食店的裝飾、服務都是一樣的風格，一樣的服務。無論你在哪個國家、哪座城市、哪個繁華的市區，走進麥當勞，都會被它強烈的親和力和感染力所吸引和征服，享受到輕鬆愉悅的心情和快樂。使你對它的文化和產品，產生高度的共鳴和認可，使你不得不信任它、接受它、愛戴它，這就是企業文化的魅力和強大的力量。

【案例現場】

在美國紐約州，曾有一家三流旅店，由於經營沒有什麼特色，生意一直很不景氣，蕭條冷落，舉步維艱。旅店老闆由於受知識經驗所限，一直無計可施，愁眉不展，死撐硬熬，過一天算一天，只等關門大吉了事。有一天，一個老朋友來看望他，看到旅店的經營情況和老闆無可奈何的表情，很是同情，就決定幫他一把。朋友看到旅店後有一塊空曠的平地閒置無用，就給老闆出了個主意，老闆聽後喜形於色，立即行動，按照朋友的建議去做。第二天，旅店貼出一張醒目的廣告：「親愛的顧客，您好！本旅店山後有一塊空地，專門開闢出來，用於旅客朋友種植紀念樹之用。如果您對此感興趣，認為是一件有意義的事情，不妨前來親手種下十棵樹，本店願為您拍照留念，並在樹上掛上木牌，刻上你的尊姓大名和植樹日期。當您再度光臨本店時，小樹定已枝繁葉茂，用一片片碧綠的葉子歡迎您。本店免費提供場地，只收取購買苗木成本費二百美元。」

廣告打出後，立即引起了人們的興趣，吸引眾多旅客前來植樹，從此旅店客流應接不暇，生意就此紅火了起來。沒過多久時光，山後平地就樹木蔥郁，一片碧綠，旅客閒暇，漫步林中，感到十分愜意，而那些親手栽植樹木的人們，更是念念不忘，時常專程來看望自己辛勤栽下的小樹，如同看著自己的孩子。一批旅客栽下一片小樹，一片小樹又吸引來一批旅客，就這樣，旅店靠這篇郁郁蔥蔥的樹林，生意越做越好，源遠流長。

萬丈高樓平地起，參天大樹立於根。樹無根不活，企業文化無根不立。企業文化是企業的靈魂，是推動企業發展源源不竭的動力。那麼，是什麼構成了企業文化的根基呢？要回答這個問題，首先要明瞭什麼是企業文化。一般認為，企業文化是企業創造的具有自身特點的物質文化和精神文化，是企業生產經營過程中所形成的獨特的經營策略、服務宗旨、社會價值觀和道德行為為準則的綜合效應。其內容常常包括企業理念、企業制度、企業行為和企業產品等等，這些內容和諧統一，互相滲透、互為因果。

企業建設企業文化的目的，就是為了擁有企業發展所需求的一切資源和力量，包括正確的策略、優秀的人才、完善的制度和嚴明的紀律等，以及在這些先決條件下，企業調動所有的力量，並把這一切資源、力量充分整合，使之發揮出巨大的作用，使企業的經營活動走上合理高效的軌道，把企業的策略最終變成現實。所以一個企業存在的靈魂，就是它的文化和精神。

【試說新語】

企業文化是企業的根基，簡單說就是經營的文化。企業是為了適應企業目標的需要而建立的，是為了實現企業目標而存在的。企業目標只有透過企業所有人員的共同努力才能夠完成，因此，共同的使命是企業的靈魂。只有所有成員整體服從的使命，企業才有生命力，才能發揮巨大的創造力和戰鬥力。優秀的企業，都是具有強大的服從意識，並透過賦予共同的使命，使整個整個員工共同接受企業建立的文化；透過統一的意志使企業所有的力量聚合在一起，形成巨大的合力，以此來實現企業的經營目標，推動企業不斷發展。

賢人指路

你若要喜愛你自己的價值，你就得給世界創造價值。

——歌德

國家圖書館出版品預行編目資料

植物邏輯—耶魯大學商學院不教的53條企業成長法則 / 王汝中著.
－－第一版－－臺北市：知青頻道出版；
紅螞蟻圖書發行，2014.3
面 ； 公分－－
ISBN 978-986-5699-05-5（平裝）
1.企業管理 2.危機管理 3.通俗作品
494　　103003338

植物邏輯—耶魯大學商學院不教的53條企業成長法則

作　　者／王汝中
發 行 人／賴秀珍
總 編 輯／何南輝
美術構成／Chris' office
校　　對／周英嬌、楊安妮、賴依蓮
出　　版／知青頻道出版有限公司
發　　行／紅螞蟻圖書有限公司
地　　址／台北市內湖區舊宗路二段121巷19號（紅螞蟻資訊大樓）
網　　站／www.e-redant.com
郵撥帳號／1604621-1 紅螞蟻圖書有限公司
電　　話／(02)2795-3656（代表號）
傳　　真／(02)2795-4100
登 記 證／局版北市業字第796號
法律顧問／許晏賓律師
印 刷 廠／卡樂彩色製版印刷有限公司
出版日期／2014年 3月 第一版第一刷

定價 280 元　港幣 93 元

ISBN 978-986-5699-05-5　Printed in Taiwan